拼命活成自己喜欢的模样

安娜 著

中国妇女出版社

Quote for the Sierra Leone Mission:

"Nothing gives one person so much advantage over another as to remain always cool and unruffled under all circumstances."

——Thomas Jefferson

塞拉利昂项目箴言：

在任何情况下都保持冷静与平静，

是一个人无与伦比的优势所在。

——托马斯·杰斐逊

© Lynsey Addario / VII

To
|
献给

Dr. Jonas Torp Ohlsen
来自丹麦的项目统筹，文中的“项目统筹”。

Dr. Edi Ferdinand Atte
来自科特迪瓦的儿科医生，文中的“科特迪瓦医生”。

Dr. Emmanuel Ganal
来自菲律宾的妇产科医生，文中的“菲律宾医生”。

Dr. Severine Caluwaerts
来自比利时的无国界医生行动中心的妇产科顾问，文中的“比利时妇产科医生”。

Dr. Modeste Kivuvu
来自刚果民主共和国的流行病学家及我们项目的团队医生，文中的“刚果流行病学家”。

Anne Andersen
来自丹麦的护士，文中的“丹麦姑娘”，我的室友。

Cecilie Nilsen
来自挪威的医疗项目统筹，文中的“挪威医疗项目统筹”。

Indah Kusumawati
来自印度尼西亚的药剂师，文中的“印尼姑娘”，我的室友。

Gloria Leung
来自中国香港的财务统筹，文中的“香港姑娘”。

Yan Syauta
来自印度尼西亚的项目后勤，文中的“项目后勤”。

Floribert Tshimanga Mukoma
来自刚果民主共和国的后勤统筹，文中的“刚果后勤统筹”。

And all the team members in Sierra Leone mission 3/2011–9/2011.
献给所有在2011年3月至9月这段时间内和我一起工作的同事们。

引子

原谅我这一生不羁放纵爱自由

任何一个人生中的重大决定，在刚刚开始时，可能只不过是个模棱两可的想法，在脑海中一闪而过，下一秒就不知道被什么其他的念头占据了。而真正付诸行动时，也往往抱着侥幸，甚至感到缥缈。毕竟，关于未来，关于未来所有的一切，都是未知的，没人能给你明朗的指引。而大部分人（我也在内）的反应都是恐惧，因为我们不知道，在鼓足勇气真正踏出那一步时，我们将要面对什么。

申请成为无国界救援人员也是一样，网站上列出申请加入前，你要再三考虑的一些问题：

你能否适应项目所在地的基本住宿条件？

你的家人是否理解并支持你的这一决定？

在项目上工作可能会有很大的压力，你能否承受？

……

如果对于这些问题的回答都是“yes”，你才能送出你的申请。

我身边的很多人，相干的，不相干的，都会对我提出同一个问题“为什么”——为什么你就突发奇想，并且将想法付诸实际？为什么你愿意以离职、离家作为代价，去贫穷战乱之地，去挑战自己的极限，去换取一个并不确定的未来，去帮助那些与你的生活毫无关系，并且毫不相干的人？……在我结束6个月的项目回到中国之后，他们也总会好奇地一再探究。这估计是所有知道我参加无国界医生的人都想要问我的问题吧。

怎么说呢，可能是因为两个不同方面的原因！

作为一个医生，总是愿意帮助那些需要帮助的人，救死扶伤，这是医生的天职。从踏入医学院的那一天，我们就通晓希波克拉底誓言，并紧握右手，在师长的带领下背诵了医学生誓词：

健康所系，性命相托。

当我步入神圣医学学府的时刻，谨庄严宣誓：我志愿献身医学，热爱祖国，忠于人民，恪守医德，尊师守纪，刻苦钻研，孜孜不倦，精益求精，全面发展。

我决心竭尽全力除人类之病痛，助健康之完美，维护医术的圣洁和荣誉。救死扶伤，不辞艰辛，执着追求，为祖国医药卫生事业的发展和人类身心健康奋斗终生。

那时我就知道，有一天，我会去做志愿者，尽己所能，为这个世界做一些贡献。

另外一个原因，是因为我的父亲。

父亲早年供职于远洋运输公司，周游世界，常年在外。虽然很少见到他，但他却对我影响至深。也许是因为遗传，我们的灵魂都有流浪的天性，不甘于安稳的生活。他每每跟我说起，小的时候放羊，总想知道大山外面的世界是个什么样子。若干年后，他终于实现了自己的理想，走出大山，放眼世界。我对此有极大的共鸣，所思所想，与父亲达到惊人的一致。也要多看看这个世界，看看别处的人们是怎样生活的，看看中国以外的世界究竟是个什么样子。

所谓命运，有时会让你觉得巧合得无所适从。在我降生后的头6个月里，父亲远在波斯湾，从未见过我的样子；而我儿子诞生的整个过程，父亲都陪在我的身边，在尽享天伦之乐6个月后的某个清晨，他没有任何征兆地猝然离我们而去。

时间永远停止在2009年的秋天。

不过，我想，父亲走的时候是没有遗憾的。他这一生，游历四方，当过兵，经历过战争，最终回归平淡生活，却拥有普通人所没有体验过的生活和阅历。

父亲的离世让我看到，人永远不知道哪一天是自己在这世上的最后一天，而一旦这一天到来，我们就没有时间了。我开始反思生命的无常，蓦然意识到该开始有所改变了，去做自己一直想做但没有勇气去做的事情。不然总有一天，我会深深懊悔。

于是，我拿出纸笔，一条一条地写下自己要做的事情，不断督促自己，是时候开始行动了。

排在第一位的，就是无国界医生。在这个世界上，有一群理想主义者在行动。他们能，为什么我不能？

2010年的盛夏，当我看到无国界医生给我发来的录取信件的时候，我就知道，是时候该出发了。

第一站——塞拉利昂。

在中国，塞拉利昂为人们所知大多是因为2014年埃博拉在西非三国（塞拉利昂、利比里亚、几内亚）的爆发，世界卫生组织将其宣布为全球性的公共卫生危机。在疫情暴发的一年多，这三个国家共有超过2.85万人确诊埃博拉，有超过1.3万人死亡。受埃博拉影响的不仅仅是受灾地区的普通民众和医疗人员，还有当地本就脆弱的公共医疗体系，以及赖以生存的经济。

当身在遥远中国的我们听到有多少例死亡病例，有多少例感染病例时，会觉得这是非常恐怖的事情。但如果你去过塞拉利昂或者非洲其他贫困国家，就会知道，在那里因为疟疾死亡的人数，或者因为患病但无法及时得到救治所导致的死亡人数，实际上远远高于埃博拉致死的人数。在这里，疟疾、霍乱、结核病、拉沙热才是最可怕的“杀手”。根据世界卫生组织2016年的统计，塞拉利昂的孕产妇死亡率居世界首位（2016，WHO）。

2011年3月至9月，到塞拉利昂出任务是我加入无国界医生后参与的第一个任务。我被派往塞拉利昂的博城，在无国界医生项目医院Gondama Referral Center做妇产科医生。在那里，我每天都在见证死亡与新生。不知道有多少病危妇女，行走在挣扎着拯救自己的路上。工作确实很累，可是有幸帮助这些孕妇的喜悦，让我更加认同我的工作，也从中收获了许多经验，我很幸运，也很满足。

利用工作的空余时间，我将6个月的经历转换成文字。现在有幸能让更多的人通过我的文字感受到非洲不一样的生活。

在整理此书准备出版之时，我已经离开塞拉利昂6年了。在这6年里，我作为无国界医生的一员，辗转于亚非大陆的不同国家，为那里的人们带去力所能及的帮助。无论是在拥有古老灿烂文明的阿富汗，还是在古人类发源地之一非洲之角索马里，虽然身处的环境对个体而言称得上是艰苦，但对比当地人的生活，作为外国人所能拥有的一切已经可以说得上是舒适了。当你面对需要走上几天路才能到达医院寻求帮助的妈妈们时，就会觉得，无论自己为之付出了什么，能够在医院里帮助她们，一切都是值得的。

一路走来，给我带来最为深刻的感动和震撼的，其实是所有我接触过的当地人——我的病人们。他们的乐观、快乐、直面困苦生活的勇气，对未来的期盼和向往，深深感染着我，也是鼓励我一直走下去的动力。

本书的出版，不仅仅记录了我跨国救援经历的心路历程，我更希望借助这本书，我的经历，让更多的人了解生活在世界上另外一个角落的人们，了解他们的生活，关注他们，并且尽我们所能地给予他们帮助。

目录

第 1 章 一个人上路

第 2 章 喜欢的事情，忍不住努力

第 3 章 追着生命跑
——妇产科里的那些欢乐和忧伤

第1章 一个人上路

出发前，老妈的碎碎念

作为家里的独生女，老妈一开始听说我要辞职跑去非洲出任务，而且一待就要6个月，心里很是担心。而且，老妈对于非洲的认知还处于非常浅薄的水平上。比如，一开始的时候她问我："非洲人都穿什么啊？他们是穿草裙子吗？"我只好不厌其烦地给她解释："妈，人家跟我们穿得差不多好吗，草裙子是夏威夷特色啊！"

当然，有很多的时候，她也犯嘀咕，比如，女儿活这么大头一次出远门啊（其实人家已经背包游完了东南亚）；得了病没有药吃怎么办啊（其实那里也有医院和医生哦）；那里安不安全，会不会有人来劫持她的宝贝女儿啊（其实低估了我的沟通能力）……

带着老妈对非洲的"肤浅认识"，以及各种"犯嘀咕"，我踏出了家门，开始了人生另一段征程。

6年前，网络没有如今发达，那时我们每周只能有一次Skype通话的时间。平时一向唠唠叨叨的老妈，居然坚持6个月里一句话都没跟我说过。她说，她怕忍不住一路通话一路哭。

直到有一次，我给家里传了一张我抱着当地小娃娃和同事的合影。

然后，老妈就跟我说：“姑娘，我第一次看到你笑得这么高兴，我知道你很快乐。”

自那之后，老妈就改变了她的态度，无论我去哪里，无论是阿富汗还是索马里，她都无条件地支持我。

所以我常说，老妈是上天送给我的礼物。

我传给老妈的照片

向着目的地，前进

2011年年初，我接到了第一个确认的任务通知：

时间：2011年3月至9月

地点：非洲，塞拉利昂，博城，Gondama Referal Center

过完春节，时间一晃而过，很快就到了要走的时候。因为要在香港和布鲁塞尔分别做出发前的项目简报，由专业人士向我介绍项目的具体情况。因此，我需要先从北京飞到香港，然后再从香港飞到布鲁塞尔。在北京等待飞机的那几个小时，心情其实特别复杂。活了这么大，可是头一次出远门，而且只有自己一个人，还跑这么远的地方。有半年的时间见不到家人和小娃，见不到死党好友……越想越伤心。到了登机口，我还是没忍住，绷了好几天的情绪终于爆发出来，稀里哗啦地大哭了一通。这一哭反而让我从身体上和精神上都放松了下来。哭痛快了，我心想反正已经跑出来了，没有退路，以后就高高兴兴的啦。

第一次出任务，我要先到无国界医生香港办公室报到。

香港之前去过几次，是早已熟悉的地方，但因为无国界医生的办公室是在旅游地图范围以外的一个角落里，要坐不报站的公交车才能到达。这对于我而言是头一次，所以能否顺利找到办公室所在地就成了个大挑战。好在本人有活地图之称，一个人出门在外的时候，凭借超级准确的直觉总能在最短的时间内抵达目的地。

唯一不爽的是，这回来香港是住在居民区而非旅游区的西环一带，本人粤语不灵，当地人普通话蹩脚，无论吃饭和买东西都有稍许不便。另外，就是能逛街的地方太少，没有大商场，害得我买个旅行包都要坐叮叮车跑到铜锣湾去。

对于像我这样第一次参加项目的菜鸟，出发前无国界医生办公室会专门进行项目介绍。报到当天日程被排得满满的，一会儿中文，一会儿英文的，搞得我直犯晕。

不过办公室的每个人都满脸微笑，对着我不厌其烦地叮嘱来叮嘱去。因为塞拉利昂是个规模大、时间长的项目，这里的很多人都去过那里，所以信息给得事无巨细，恨不得连博城（塞拉利昂第二大城）有几拨中国人都知道得清清楚楚（结果我真的就碰到了，详情待后续）。我抱着越来越多的材料，心里暗自叫苦。

出发前还有一段小插曲，由于那时刚刚赶上日本发生特大地震[1]，所以出发前后的几天收到了好几封关于去日本救援的支援意向。有北京的同事还

1　2011年3月11日，日本宫城县地震。

联系上我，问我是不是要中途改去日本。

在这里要解释下，无国界医生的工作都是双向选择，他们会定期根据职位需求给已经录取为救援人员、进入无国界医生人才库的我们发送邮件，接收的人员有兴趣参加任务就会直接跟HR联系。这样能在最短时间内召集到所需要的工作人员。

想想以后总会时不时地收到这样的急救信息，心里居然有点儿小兴奋。毕竟，这是我一直以来想做的事，去救人于水火之中，无论是什么样的灾难，怎样艰难的境地，相信自己一定能应对。

在香港，我还有一项非常艰巨的任务，就是购买足够6个月使用的物资

出发当天在首都机场T3航站楼国际出发口前留影

储备。第一次在一个陌生的地方待那么久，而且也不知道非洲有没有防晒霜、方便面和各种中成小药儿卖，心想还是采购全了心里踏实。女生又比较麻烦，还要准备卫生用品，这就要好大一包。

虽然再三嘱咐自己，可别一冲动又过度购物，可最终的结果是最大号的旅行箱也被我塞得满满的。

我又开始发愁，行李箱超重了怎么办。当初要是听老公的话，少带点儿东西就好了。想到还要去比利时，又要给一堆材料，哭的心都有了。

因为上项目的时间是6个月，回程机票订在了转年。从香港出关时，移民局大叔问我："去比利时干吗，上学？"

我特别认真地回答他："不，我要去非洲。"

大叔惊讶地问："去非洲干吗？"

我说："上学。"

大叔晕倒。

其实，事情本来很简单，一通啰唆之后，我掏出无国界医生的任务通告来给大叔一看，大叔摆摆手，通过。唉，早知如此，干吗费那10分钟口舌。

总觉得十几个小时的飞机犹如坐牢，没想到自己适应得相当不错，有一半时间是昏睡过去的，另一半时间在发呆和吃东西中度过。睡觉对于常年夜班党来讲不是问题，各种扭曲的姿势我都能酣然入梦；时差也几乎不成问题，因为在国内时，早就把睡眠时间调整成了夜里两点睡，中午起床。这不就是欧洲时间嘛，不怕。

比利时奇遇

到达比利时布鲁塞尔机场是在半夜，所以没享受到据说难得的晴朗好天气。因为比利时的官方语言是荷兰语和法语，所以当地所有的标志上面都没有英文，机场提供的地图也不是英文的。幸好我这个人直觉非常强大，顺利找到了火车，搭上了最后一班车，到达位于布鲁塞尔市内的酒店。

这就是为什么我总是喜欢一个人旅行。当你觉得你能够依靠谁的时候，你往往就懒散了，管他呢，反正有别人搞定这些事情，结果玩得不见得合心意，相关的生存能力也没有得到锻炼。而一个人时，你在无时无刻地发现自己的潜能在扩展，哦，原来我还能做这个，原来我还能不丢三落四，哈哈。这就是所谓的挑战极限，不断挑战自己，战胜自己。

在布鲁塞尔的两天，最深的感受就是这里的人真的非常好，每个人都会对你微笑。我傻呵呵地站在指路牌底下的时候，会有年轻的学生跑过来

布鲁塞尔的旅行门诊外景

主动问需不需要帮助。最后一天，当我疲于奔命地往来于行动中心[1]和旅行门诊[2]之间的时候——是的，我毫不羞惭地在这里承认，我迷路了。

不过幸运的是，有位老先生把我从街上拯救了，一直陪我坐公车、地铁、火车，直到行动中心门口。告别的时候，他对我说："姑娘，不要急，把脚步放缓，学会享受生活而不是整日匆忙，你会得到更多。"

1 无国界医生布鲁塞尔办公室（Operation Center Brussels），负责全球行动，故称"行动中心"。

2 旅行门诊（Travel Clinc），功能与中国的出入境检验检疫局门诊相似，提供黄热病等疫苗注射及旅行建议。塞拉利昂是疟疾的高发区，在去之前需要先服抗疟疾药。

很欣赏他们对待生活的态度和对艺术的追求，但在当时，我就是一个行动迅猛、不经大脑、濒临崩溃的亚洲小姑娘，总觉得时间过得太快，能做的事情很多，如果不着急，就真的来不及了。现在，当我慢慢长大，也能够慢慢体会到缓慢生活的乐趣了。

不知道欧洲的天气是不是总是阴沉沉的，还是只有北欧和大不列颠是这样。两天的布鲁塞尔之旅，基本上我都是在打寒战中度过的。风依旧很凉，我哆哆嗦嗦地跑来跑去，不过室内却是非常暖和的。

这里的商店都是晚6点就打烊，大家都在忙着聚会、聊天和喝咖啡。我和行动中心的同事，还有一位刚从海地回来的菲律宾外科女医生一起去超市买东西，吃晚饭，到市中心看撒尿小童。总会有人微笑着跟我说“你好”，然后说他们到过中国，或者有朋友在中国。怎么说呢，到目前为止，我还没见到过一个中国人，但是总觉得中国距离我并不遥远。

君临弗里敦

飞机从比利时飞了6个小时，到达了塞拉利昂的首都——弗里敦。这是座沿海城市，有漂亮的海景，但是人们的生活非常贫穷，城里有大片大片的贫民窟。几堵墙上面搭个板基本上就是一个房子啦。不知道那么炎热的天气，人们是怎样生活的。所以，当我在2010年申请加入无国界医生到香港面试时，无国界医生给我的资料里就有“Cultural Shock”（文化休克）这么一项。开始我并没有太深的感受，现在身临其境，确实给人很大的震撼，要知道，如果总是生活在自己家乡的一亩三分地，没有切身的感受，永远都不会知道，在同一个地球上，真的有人是这样生活的。

从飞机下来，深吸一口潮湿的、温热的然而并不炎热的空气，想起电影《走进非洲》里面的一句话：

当你喝过了非洲的水，你就总是想回到这片神奇的土地上。

是啊，看着机场里 “Welcome to Africa”（非洲欢迎你）的标牌，看着一马平川的飞机跑道，真的不知道如何形容此刻的感想，有点儿激动，有点儿期待，有点儿梦想成真——终于可以做自己一直想做的事了。

看着机场里乱糟糟的人群，非常庆幸自己不是一个人，有个同事姑娘一起同行。按平时的行事作风，我只会在做足功课之后才敢一个人出门，不然两眼一抹黑地跑到一个陌生的地方，吃亏上当肯定是难免的。这次就差点儿，幸好在出口处跟抢行李的人（他帮你运行李，你要付钱哦）争夺我的行李时，碰到了来接我们的司机。

弗里敦的机场修建在塞拉利昂河岸边，与弗里敦市区隔河相望。从机场到弗里敦市区，是坐船的，因为坐车，山路曲折，要五六个小时，而坐船只需要半小时。可怜的我，因为在布鲁塞尔的旅行门诊服用的抗疟药的副作用，在飞机上没睡着，在坐船的时候晕船，等到终于吃上晚饭（都夜里了），居然不饿了。更可怕的是，我开始头晕，基本上恢复在国内值完夜班的状态：说话不经大脑啦!!!

司机把我拉到了弗里敦的无国界医生员工宿舍，告诉我需要在第二天去无国界医生办公室报到，就跑掉了。我跟着只认识了5分钟的超级热情的刚果后勤统筹去城中的一家小餐厅吃饭。只记得那家小餐厅灯光昏暗，号称拥有河景，但上菜速度奇慢，蚊子奇多，墙上的电扇慢慢摇头吹着热风，而刚果后勤统筹一直不停地跟我讨论中国近现代史以及非洲形势，基本上他的法国味儿英文我听着是反应不过来的，只好一直很严肃地频频点头，就这样蒙混过去。

这里的人都很热情，飞机上邻座是几个几内亚商人，上来就问：“你在为哪个NGO（Non-governmental Organization）工作啊？”估计在他们

❶
❷

❶ 弗里敦一瞥，无敌海景房
❷ 住在沿岸的弗里敦渔民在捕鱼

看来，往非洲跑的小姑娘都是来做志愿者的吧。同一班飞机上，就有美国的某个NGO的一团人同行，有男有女，有老有少，有医生有护士，他们是在船上做医疗救助的，船会从美国本土携带着药品和器材航行到非洲，在非洲不同的国家港口靠岸接收并救治病人，工作完成后再起航去下一个国家，跟我们这种主要在陆地上做救援的正相反，听起来很有趣。

早上起来，坐在员工宿舍的阳台上看海景，风景无敌美，还有海鸥在天上飞，安安静静。谁能想到这片平静的土地上居然打了10年仗。战争，让这里的一切回到起点，而最惨的永远是像你我这样的普通人。这个时候才能强烈地体会到和平的可贵。

弗里敦一瞥

知道塞拉利昂，更多的是因为看过莱奥纳多·迪卡普里奥主演的那部著名的影片《血钻》，从而对这里长达10年的残酷内战有了深刻的印象。但我在去塞拉利昂之前从来没有想象过，那里的人和那里的生活究竟是怎样的。等到真正抵达弗里敦，我才有了切身的体会。

塞拉利昂经历了10余年的内战，几乎所有的基础设施都在战争中被摧毁。这里没有学校，没有系统教育，没有足够的医疗人员。内战后，百废待兴，但全国注册医生总计不超过200人，几乎所有的医疗设施都由国际非政府组织支持。其母婴死亡率是全球最高的国家之一。

我坐着车，在穿越城市的路上，看到城市里的富人区。那里的建筑很漂亮，人们的穿着也很得体。很快，车子就经过这些高级住宅区，来到当地的贫民区。在贫民区里，是没有柏油路的，一旦下雨满地泥泞，很多脏

❶
❷❸
❹

❶ 去门诊随访路上遇到的当地儿童（摄影：Gloria Leung）

❷ 绚烂的墙画，像这样美丽的图画在当地很多地方都能见到

❸ 播放英超联赛的“卫星电视房”，按人收费观看

❹ 弗里敦市景，头顶床垫的男人（摄影：Gloria Leung）

兮兮的小孩子和狗一起在泥泞里面跑来跑去，在那里玩耍。

当地司机告诉我们，因为战争的缘故，弗里敦的贫民区仍旧有很多街头流浪儿童，在为填饱肚子苦苦挣扎。贫民区的房子基本上就是铁皮屋，也没有电，更不要提其他的基本生活设施了。两相比较之下，感触颇深。

即使已经停战多年，内战留下的创伤随处可见，路上也可以看到一些废弃的房屋，黑黢黢地矗立在路旁。当地人告诉我，这些就是内战期间被烧毁的房子，他们不会搬回被烧毁的房子里去，只会在旁边重新建房子。

而在弗里敦的办公室里，我见到了好几位没有右手或左手的门卫，笑容洋溢地给我们介绍办公室的内部格局。我心里很疑惑，他们为什么没有手呢？听当地人说，塞拉利昂内战打到最后，物质匮乏，子弹珍贵，要省下子弹消灭对方的有效战斗力。平民虽然没有参战，但却是潜在的战斗力。军队，无论是哪一方，为了减少潜在的威胁，往往会选择使用冷兵器，比如大刀等，将这些人的手砍掉。没有手，不能握枪或者其他武器，就失去了战斗的能力。这就是他们失去手臂的缘故。

很多国际组织在当地会雇用因为内战而致残的人，给他们提供工作的机会，改善他们的生活境遇。当地人总是心怀感激。他们尽心尽力地工作，希望能够为自己的家人带来更好的生活。

一路狂奔一路尘

从弗里敦到博城，路上要走4小时左右。开始的时候，所有的人都告诉我路比以前好走多了。可是在颠簸的红土路上走了一小时之后，我开始怀疑，如果这条路真的比以前好很多的话，那以前得多恶劣啊。现在还是旱季，这要是到了雨季，那就真成了电视里面老播的极限越野了。

后来，我们的车左转右转，终于驶上了正经的柏油马路。我后来才知道，这是弗里敦到博城唯一一条柏油马路——当地人称之为“高速公路”！

最起码能好好睡一觉了。

一觉醒来，悲剧了。我用手一摸脸，啊哈，就像是抹了厚厚的粉底一样，手上、脸上全都是土，红色的土。我在继续“涂粉底”和关上窗户闷热出汗之间抉择了一下，决定赶紧把窗户关上。

路上我还在打瞌睡，同行的人把我叫起来，说“火——火——”。我看到路边的一座茅草房正在熊熊燃烧，赶紧问：“有没有人还在房子里？”

“没有。”

看大家都很平静，好像习以为常了。在接下来的旅程里，我看到了更多火的痕迹。可能是因为干旱吧，烟让空气都变了味道。

今天倒霉的事？嗯，行李箱坏掉啦。

今天高兴的事？终于能开始干活啦。我这个该死的闲着就难受的脾气啊！

去博城路上遇到失火的村庄

非洲乡镇初体验

到达博城第一天，我的主要工作就是到办公室见国家项目统筹和国家医疗统筹[1]。对我来讲，现在最大的困难是记不住人名，特别是这个人的名字又有些长的时候。你想啊，在两天内见到几乎所有的工作人员，要在最短的时间内记住他们的职位、名字、负责的相关内容，对于我这个一向不愿意动脑子的人而言真的是个挑战。

下午很晚才吃上中午饭。奇怪，到了非洲除了总觉得渴之外，还总觉得饿，而且是必须赶紧吃些东西才行的那种饿法。自己看看肚子，除了临出门前生病掉的那几斤肉，目前为止还没有任何要变成小骷髅的趋势。

1 无国界医生在各地的项目中，会安排项目统筹、医疗统筹和财务统筹等职位。项目统筹负责整个医疗项目的运转，比如博城项目中，项目统筹负责医院、门诊所有工作。医疗统筹负责协助项目统筹维持项目运转，一般由具有医学背景的人士担任。财务统筹负责项目内财务的相关事宜。

虽然食物跟中国的不大一样，但是对于我这种能凑合就凑合的人而言，已经是非常美味啦。特别是我有意识地增加了进食的次数，每次吃的也更多些，希望能保持现在的状态不变就好了，不知道去上了班，会不会干到吐血。反正在国内时，工作到最后我是不知饥饱的，只有在所有的事情都处理完之后，才会感到饿或者渴。

到目前为止，我还处于适应阶段。都说要过一两个月，我们这种菜鸟才能真正适应在项目上的生活。不知道到那个时候我会不会被种种压力压迫得身心崩溃，想想还有点儿期待呢。人生是需要挑战的，就要活得精

无国界医生在博城医院的标识

彩，不然又有什么意思。

下午去买东西，超市关门，但是路遇当地学校的游行。看到大家都非常快乐地在街上跳舞、唱歌，姑娘们穿着漂亮的校服，妈妈们穿着美丽的裙子，我站在路边给她们照相，她们也给我拍照，心情不由得像这里的阳光一样灿烂。

是的，这里是非洲，我到非洲了。

人形湿印

无国界医生在塞拉利昂的博城有一个项目，医院开的时间很久了，早在塞拉利昂内战前就已经开始。当时是因为邻国利比里亚打仗，人们跨越边境，来到塞拉利昂的难民营，无国界医生则在难民营中提供帮助。等到塞拉利昂也爆发了战争，医院在战争期间仍然坚持运作，直到今日。

医院全名叫作Gondama Referral Center[1]，简称GRC，是无国界医生比利时行动中心[2]最大，也是历时最长的母婴项目之一。医院为怀孕的妇女和5岁以下的儿童提供免费医疗。这里有儿科床位200多张，有急诊、ICU（重症监护病房）、新生儿病房；有产科床位23张，一个产房，一个手术室。

另一个门诊项目（Outreach）则与医院相互配合，给予公立门诊基本

1　该项目因为埃博拉疫情已于2014年年底关闭。

2　无国界医生有5个行动中心，负责管理世界各地的工作。

❶
❷

❶ 医院的露天休息室

❷ 医院里的卫生间

的医疗物资支持和员工培训，以及完善的患者转诊系统，以提供门诊的基本健康护理、疫苗接种为主。所有经过门诊仍存在问题，又符合转诊标准的病人，都会被转到医院里来，有专门的急救车和护士参与转运，而这所有的一切都是免费的。

因为我是妇产科医生，我主要在产科病房工作。每天见到的不外乎是大着肚子的女人、刚生下来的宝宝。刚到病房，发现一张床上躺着两个术后病人外加两个新生儿，我的第一反应是：不可思议，这样也行?!“没办法。”先我10天到达，已经进入状态的来自菲律宾的妇产科医生无奈地告诉我，因为医疗资源极其有限，医院经常处于超负荷运转的状态，我们的主要工作之一，就是绞尽脑汁让病房周转率再高些，减少这种两个病人在同一张病床上的情况出现。

医院说起来很大，实际上也还是有限的，这里由数组长条形的房屋组成，一个长屋就是一个病房，配套还有洗衣间、药房、储藏室、配电室、隔离病房，医护人员的休息室外加厕所等。刚到这里，我总是要迷路，不是找不到厕所，就是找不到回自己病房的路。

我们有一支堪称庞大的外派人员队伍，由20多人组成，住在4所各自独立的房子里。4所房子分别叫作Moon、Vienna、Manila、Bangkok。

住在这里的每个人都有自己的房间，大家共用卫生间、厨房和冰箱，房间里有电扇，但是白天的大部分时间没有电，因为大家都要上班，出于节约资源的目的，白天停电。晚上7点之后才开始使用发电机供电，供到第二天早上7点拉闸停电。这就苦了我们三个要值夜班的医生，白天的非洲像下火一般，随便动一动就一身的大汗，还要憋在屋里补充睡眠。刚到这里时，觉得这实在不是一件很容易能做到的事情，但后来才发现，只要累到一定程度，无论多热，照样能够酣然入梦，在中午时分，也会准时醒来。由于每次醒来的时候都是一身汗，床单上总会呈现出一条“人形湿印”。

每天早上7点半，准时有车在门口接所有要到医院上班的工作人员，坐上半个小时的车，才能到达医院。一路上除了博城里的一小段路，其他地方是没有柏油马路的。第一次坐车，颠得我在车里前后左右地挪移了一番，还不慎撞到旁边的人若干次。我的同事，菲律宾医生，坐在我对面偷偷乐。这个在项目上待了很久的人，耳朵上插着耳机，闭着眼睛小憩，坐得稳若泰山。过了两周，我也开始学着如何才能坐得像老鸟一样，还能在颠簸的越野车上小睡一会儿。

美丽的家

我住在Vienna，主屋里住了5个人，全满，我被临时安排在屋外的小平房里。对门是刚果流行病学家的住所，他也是我们的团队医生（就是负责全体外派人员健康的医生），因为曾经密切接触过拉沙热而被送往欧洲隔离。主屋住着印尼姑娘，是药剂师；比利时姑娘，是医院的总护士长；印度尼西亚大叔，是医院的项目后勤；瑞士老太太，67岁，为无国界医生工作超过20年，是临时来做项目评估的；还有跟我一起来的美国小儿科医生。

因为访客太多，没有多余房间，我只能等着5天之后，瑞士老太太结束评估打道回府，才能住进主屋去。外面的小屋很热，还临近守卫待的小屋，有无线电声，很吵。半夜里不是被无线电的声音唤醒，就是被守卫们为驱散瞌睡虫而放的音乐声吵醒。好在我适应得很好，睡眠质量还是不错的。

❶
❷
❸

❶ 宿舍外景

❷ 我在博城的宿舍内景

❸ 宿舍院子里的杧果树，后来终于等到杧果熟了，吃到了杧果

刚来第一天，被印尼姑娘领着做宿舍介绍。她说，我们这间屋最安静、最适合睡觉，所有人都是在晚上8点钟各回各屋。后来印尼项目后勤回家了，Vienna成为女性专属，在相当长的一段时间里，只有姑娘们住，仅有的男生（刚果流行病学家）住在主屋外，而他一天只吃一顿饭，除了半夜吃饭的时候和必要时拿换洗衣物，基本上不会进主屋，导致我们这些女生有相当长的一段时间在屋里非常肆无忌惮。项目上的人总是开玩笑说，我们是典型的大家庭，一个丈夫，外加4个老婆，哈哈……

5天后，我搬进了主屋。我的房间不大，床却不小，居然是自己家里那种1.8米×2米的大床，心下窃喜，像我这种睡觉总要滚来滚去的人，大床才施展得开嘛。睡觉要用蚊帐，蚊帐是涂了防蚊药水的。

因为塞拉利昂是疟疾的高发区，所有来自非疫区的人，都要服用抗疟药，一早一晚在室外活动时还要涂防蚊药水，总之要做足保障。如果还是得疟疾，就只好怪自己命不好了。

第一次的N种打开方式

对于我而言，这次任务意味着很多第一次，第一次来到非洲，第一次参加无国界医生，第一次只说英文而不是中文，第一次真正一个人生活，第一次自己给自己煮东西吃……很奇怪，自己竟然适应得很不错。

在博城无国界医生项目的宿舍里，我们有厨师负责做饭，所以工作日的午餐和晚餐都不用担心，周末的时候厨师要休息，没有饭菜提供。由于我到达这里的第一天是周末，这意味着没有早饭，没有午饭，没有晚饭，我在厨房里翻呀翻，找到一包美国产方便面煮了吃，在冰箱里发现一点儿前一天不知道谁的剩菜，放在面里煮了，很好吃，就是有点儿淡；午饭吃的什么忘了。晚饭时，大家一起吃印尼同事做的特色菜。事实证明，在任何一个项目上，最受欢迎的人永远是会做饭的人。

每周都需要服用抗疟药，只有一个让我很愤愤的副作用存在：做噩梦，每天一个，每个还都不重复，每次我都会从梦中惊醒。最近的一个噩梦是梦到了去世的父亲，我是哭着醒来的。早上跟其他同事交流，发现至少有两个人的副作用跟我一样，呵呵。大家劝慰我，这副作用总好过恶心、呕吐、抑郁吧，坚持下，以后慢慢就好啦。还是忍着吧。

洗澡的时候发现没有热水，没有热水，没有热水！这件事对于一个常年生活在北方的同志来说真是不可思议，幸好天气热，水是温的。我在浴室里摔了一跤，好在没受什么伤，然后一直在想，千万不能生病，千万不

❶ 可爱的孩子们

❷ barakuda鱼烧烤

能有意外，不然，当你无法照顾自己的时候，会觉得非常无助和沮丧。

当然，现在还好。

早上起来，先煎个鸡蛋当早餐，然后大家一起坐车去医院。经过两天的交接，前任刚果医生即将离开，剩下我和提前10天到达的菲律宾医生两个人。到目前为止，病房里还不算太忙，但是大家都说，不知道什么时候就会忙得要死。不过看到病房里可爱的小宝宝们，心情就无比好。他们真的好可爱，而且生命力顽强。

这里的人没有基本的医学常识，有很多的重度先兆子痫和子痫发作，每个月的数量估计比我在国内一年看到的都多。女性生孩子地点的第一选择是家里。大多数怀孕的准妈妈都是在家里生产，直到出现很严重的问题才来就诊。有些则是因为距离太远，无法及时到达，有些是因为没有钱付到医院的路费。这也是为什么几乎每周我们都会有危重孕产妇的抢救发生。

幸运的是，我们有一台几乎可以说是全新的超声机器。每当有妈妈们来就诊的时候，最起码我们不用使劲猜测子宫里面到底发生了什么，能从屏幕上看到胎儿在子宫里的状况，以便迅速决定如何处置。

不到5天，我就见到了子宫破裂、胎盘早剥、胎死宫内，以及各种各样的梗阻性难产、子痫。可是这里的人们仍然非常乐观地生活着。

有个病人，三次怀孕，两次宝宝生下来的时候都没有了呼吸，这次也是进入临产状态后一天才到达医院。我们及时给她做了剖宫产，宝宝是个女孩，活了下来，这个病人高兴得在手术进行中就开始唱起歌来。我还是头一次见识到这种不寻常的手术，只好把她的歌声作为背景音乐伴奏来欣赏。

虽然我们有两个医生，但是由于有源源不断的病人前来，尤其是在周末的时候总是很忙碌。每次做完手术，出一身大汗，总觉得自己快要虚脱了，但是下一台呢，依然撑了下来。人的极限真是无穷啊，难怪总有人说，医生只要一站到手术台上，都会站到最后一刻。

累到想哭

医生嘛，总躲不过万恶的夜班。刚到项目时，听说了这里的值班方式颇为惊讶。这里要求7天一次轮班，7天内所有夜班都归一个人值。值班时我上午在家睡觉，下午去医院帮另一个妇产科医生收病人，顺便接班。

第一次值班的经历让我终生难忘。我做了7台剖宫产，一个胎吸，收了记不清几个病人。总之，到了周一，大家惊讶地发现，产科病房病人爆满。而前一天夜里我们不得已，还让两个病人住到了儿科病房里。

没时间吃饭，没时间喝水，我上了一台手术，下来就发现又有一个新病人等着了。最令人崩溃的是，在周六的后半夜，居然一下子来了三个胎盘早剥和前置胎盘的病人，每个都是大出血，都濒临失血性休克，关键是——没有血。

我们的血库里没有，病人的家属一听说要献血，就不知道跑到哪里去了，剩下个妈妈，两手一摊说：“我也不能献，我在喂奶期呢。”

我这个头大啊，麻醉护士看看这个，跟我说“嗯，情况不好哦，你看，都烦躁啦”，看看那个说“嗯，你看一直在出血，可是没有血哦”……

我能怎么办，先救哪个？

对于医生而言，这是个艰难的选择，要知道，先做手术就意味着有更大的可能性活下来啊。三个病人里面，有一个病人的宝宝还一息尚存，于是从这个做起，尽可能缩短手术的时间，等到三个做完下台，天都亮了。做到最后一个的时候，发现她的胎盘全部从子宫上剥离了下来，宝宝当然已经不行了。令人欣慰的是，每个病人都活下来了，尽管没有血可以供给，尽管都已经濒临死亡，可是她们最后都撑了下来，这无疑是生命的奇迹。

回到宿舍，已经是周一的早上了（因为早上值班的助产士又把我叫了回去），我趴在厨房的水池边干呕了半天。当然了，什么也吐不出来，那感觉简直就是面临崩溃的边缘，想睡觉，可是睡不着，真的是筋疲力尽，累到想哭，又哭不出来。想起还要继续值班到周四，我就觉得暗无天日。麻醉护士也累得不行，跟我说，从来没有这么忙过，好像这些病人就是为了欢迎我的到来而特意赶来的，就当这是塞拉利昂给我的欢迎庆典吧。

美味

大家在病房里，没事的时候会凑在一起吃一种类似白薯的食物，根茎类，白白的，有点儿甜，可以蘸糖或者盐吃，味道的确不错。不过他们告诉我，这种食物来自中国，可是我从来没有在中国看见过啊！而且他们还说，叶子也能吃。我还是不知道这到底是什么。

见我如此四体不勤、五谷不分，同事们安慰我说，也许是因为这种食物来自中国南方，你来自中国北方，不知道也不奇怪。可是我也去过很多南方的城市，并没有见过类似于这种食物的东西啊。后来我把图片发给了我的导师，她英明神武地指出这种食物就是大名鼎鼎的凉薯。

另外，医院配给的中午饭是一种绿色叶子和鱼肉混合的特殊酱料搭配米饭，叫Casawa Leaf。我们这里有个在非洲待了十几年的老医生，最爱的食物就是这种，每天中午必来一份，经常辣得他连冒汗带咳嗽，可是人家还是天天吃个不停。

我在一边观察这种又辣卖相又不好的食物，最后也没有足够的勇气去尝上一尝。等到过了两个月，却变成了无此食不欢，几天不吃，着实想念。Casawa Leaf一般和牛肉、鸡肉或鱼肉一起烹制，像中国的盖浇饭一样。

❶ 凉薯，据说来自遥远中国的植物

❷ Casawa Leaf饭，让人又爱又恨的当地特色食品

肤色

一直以来的印象里，非洲的人都是黑色皮肤，卷卷头发，就像外国人看中国人一样，看起来都是一个样子的。等到了非洲，才发现原来肤色可以有这么多变化。

先说非洲人民，黑色也分很多种，有土黑色、红黑色、棕黑色、黄黑色和真正的纯正黑色，就是深夜的那种黑色。还有一种非常类似于我们黄种人的那种蜡黄色，但是头发与身体特征和我们不一样。我个人最爱那种类似于巧克力的棕黑色，在阳光的照耀下皮肤发出微微的光泽，美丽极了。

这里的人们身材普遍健美，我总能在路上看到非常美丽的姑娘和帅小伙，那肌肉啊，啧啧，令我这样的竹竿羡慕致死。而且无论男女，大家的睫毛都又长又密又卷，不用睫毛夹都积极地往天上翘着。我还特别观察了新生儿的小睫毛，生下来就有，而且很长，不像我家“小祖宗”，生下来两个多月才开始长睫毛，还是倒着长的，扎得“小祖宗”总是眼泪汪汪的。

这里的姑娘们总是变换不同的发型，掺杂各种颜色的假发，编出各种不同的小辫子来，非常有创意。哪天我也要去搞一个满头小辫子。不过，我们病房的护士们都说我这样又粗又硬的头发不好编。

❶|❷

❶ 路边美发店的老板娘展示用来编辫子的假发（摄影：Gloria Leung）

❷ 虽然我们来自不同的国度，但我们的心在一起

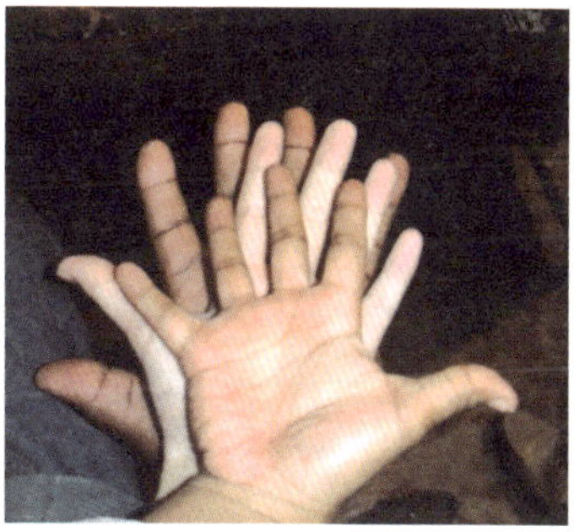

虫子

这里有很多虫子，会飞的，不会飞的，灰色的，黑色的，五彩斑斓的，大的，小的，成群结伙的，落单的，很多条腿的，没有腿的……总之，在你想象之内的和想象之外的，这里都有。

有一天晚上下完雨，就出现了成群的飞蛾“扑火”的景象，当然扑的是外面的灯。灯底下的我们刚刚享用完晚餐，平常还能聊聊天，不着急各回各屋，可是那天只有抱着脑袋落荒而逃的分儿，因为扑火的飞蛾被灯泡烫得半死，像下小雨一样倾泻下来，连我这种耐受力超强的人看了都有点儿心里麻酥酥的。

我们关掉所有的灯，企盼着这些家伙能找到别的地方继续“送命活动”。第二天早上起来一看，天哪，满桌满地密密麻麻的尸体，关键这些尸体还在蠕动……因为成群结队的蚂蚁正忙着收获食物呢。

❶
❷

❶ 暴晒衣服 （© Lee Butler / MSF）

❷ 全体团队的晚宴

恶心吧？呵呵……

再说个更恶心的。一天，我们这里来了两个新人，来自丹麦的新护士和来自南非的新医生，我们继续吃晚饭和聊天的活动。然后，这位护士问我："这里洗完衣服给熨吧？"

我说："是啊，为什么这么问？"

说实话，在此之前我从来没想过为什么要熨衣服这个问题，本来就是无所谓的事啊。结果，下面的回答让我汗毛直立了至少三分钟。

护士说："因为这里的水中有一种寄生虫，用水洗衣服的时候有可能沾到它的卵，如果衣服不经高温熨烫的话，你穿上衣服，卵就会钻进你的皮肤，然后虫子就会在你的皮下组织中快乐地生活了……"

治疗方法吗？切开皮肤，把虫子搞出来，完事儿。

我立马郁闷了，因为在刚到这里的第三天，我性急地把洗干净但没熨过的衣服从洗衣盆里扒拉出来，直接穿上了……

护士安慰我说："没关系，都两周了，看来你没被感染上。唉，这就是个概率问题，没准这里的感染率没那么高呢！而且就算是感染了，切开搞出来就好啦，没有后遗症的……"

我说："这都谁告诉你的啊，我怎么不知道？"

护士说："项目统筹嘛，他说他老婆今年就被感染了，把虫子切出来就没事了……"

啊呀，常识普及很重要，我再也不着急穿干净衣服了……

我爱上了这里

非洲的夜晚并不炎热，而是非常凉爽舒服，如果夜里下了雨，甚至会感到一丝寒意。天空即使到了晚上，依然蓝得透明，点点繁星点缀其上，耳畔只听得蟋蟀鸣叫，风声瑟瑟，除此之外，别无他物。

夜凉如水，站在房前，尽情享受着宁静而温馨的时光。要知道，刚刚度过的白天，可是热得让我连挣扎的力气也没有。

早上7点半，当我开始慢跑的时候，太阳已经升起，炎热的一天又要到来。

来到非洲已经两周，在最初的不适和痛苦挣扎之后，似乎我已经能够适应并试着爱上这里的一切。

是的，我爱这个地方，即使它依旧贫穷而落后，可是这里的人民却是

❶ 可爱的小姑娘

❷ 路上遇到的邻居儿童

如此的乐观、坚强、生生不息。

眼看着塞拉利昂独立50周年纪念日就要到了，人们开始在自己的车子上挂上印有国旗和50周年字样的小旗子，有的商店居然把自己的店面全都涂成塞拉利昂国旗一样的绿色。那个油漆匠站在高高的台子上，细心地用画笔一遍又一遍描绘着“50”。他们使用金色这个最灿烂的颜色，就像在描绘未来的生活。

整面墙仿佛都在熠熠发光。

我爱这里，即使这里仍然是母婴死亡率最高的国家之一，可是人们的笑容是如此动人，走在大街上总能看到人们和着音乐快乐地跳舞。每到周五，大家穿上自己最漂亮的衣服迎接周末的到来。无论是对谁，都报以友好的微笑。小朋友们看到我们，总好奇地凑过来，询问我们的名字，围着我们跑来跑去……

我爱这里，这里总有美味的杧果和菠萝，而在荒烟蔓草般的公路上跑着的汽车上，总能看到各种各样的祝福。

下个星期，争取能买到票，我们要去看“塞拉利昂小姐”比赛，哇哈哈！

海滨历险记

我们的医疗督导，一位挪威姑娘，有天问我，虽然经历了很多事情，但我们希望能继续留你在这里工作，有什么是我们能为你做的呢？我当时的回答是“我不知道”……

繁重的工作状态一直持续，就是超人也会受不了的。医疗督导决定让我去休息，调整状态。感觉就像是卸下重担，终于觉得疲惫不堪。虽说项目统筹嘴上说“听你的，没意见”，但是我总觉得他不大乐意让我去。管他呢，反正我觉得确实应该放松放松了，这3个月真不是人过的日子。于是，和丹麦姑娘一起——弗里敦，海滩，海鲜，我们两只恶狼来啦！！

塞拉利昂也被称为“狮子山共和国”，因为在当地语言里，塞拉利昂（Sierra Leone）就是狮子山。现在狮子没有了，可是这个多丘陵、低海拔、拥有无敌海景的国家，依然拥有极具吸引力的丛林、大象和美丽海滩。

来之前看旅游指南，说塞拉利昂有世界上最好的沙滩海景，不过由于战争，少有人知。心里还不大相信，再美，能美过我一直情有独钟的东南亚沙滩？结果，在徒步走过绿树掩映下的废弃房屋之后，一切豁然开朗，美丽的海滩展现在眼前，还有波涛汹涌的大西洋。

自那一刻开始，我再次体会到了“美景总是在少有人至的地方才能见到”这句话的含义。塞拉利昂，仅仅海滩这一项，就已经让我终生难忘了。听倒霉老公的话没带比基尼来，现在后悔死了，想在水里泡泡都不行，唉……

恨不得用我的小破相机照下全部绝美景色。蓝天白云下，可见波涛中的一叶小舟，可见海浪拍打着黑色岩石和黄色沙滩，可见晶莹得近乎透明的白色沙滩，可见山间云雾缭绕，可见流水平静入海……一边是清澈见底的河水，浅绿色，沙滩上海鸥飞翔而过；一边则是深蓝色的海水，白色沙滩，旷无人烟……

River No.2 的无敌海景，可惜有一同胞告诉我他们把这里叫作“二道河”，顿时画风大变

我们住的地方，是一家叫硬石（Hardrock）的旅馆，建在海滩中间突向大海的黑色大礁石上。白天的时候，海水退去，露出一片浅滩，可以步行通往那里；傍晚时分，涨潮，海水淹没浅滩，需要裸足而过。工作人员告诉我们，在雨季的时候，想要去旅馆，就要乘船过去。

吃的也出乎意料得好。第一天的午餐是大龙虾，很大很大，很便宜很便宜，晚餐是一种叫Barracuda的鱼，个很大，肉很紧实鲜美。当然了，吃完海鲜的后果就是蚊子咬了好几天的包仍然很痒，而且更加痒了。第二天中午是烤虾，在River No.2（就是河流入海的交汇处的一处景点）吃的。晚上，因为我们丹麦姑娘决定要把每餐饭都照下来留念，于是继续吃的同一种鱼。她还决定跟这里的厨师学怎么做鱼。听罢我深情款款地凝望着她，说："如果我是男的，我一定娶你，真是贤妻良母哇！"丹麦姑娘一撇嘴，说："那你得长得帅才行呢……"

丹麦姑娘执着地要把自己晒黑，还执着地说我太白了不好看，我说："那颜色是黄好不好，俺们黄种人是以白为美的，跟你们这些斯堪的纳维亚人可不一样。"

她躺在海滩上翻饼烙饼似的晒自己，我躲在阴凉处热得要死。4个小时之后，这家伙没变黑，变成中午刚吃的熟虾样了——通红通红的；我呢，好像更黄了……

非洲的海不同于亚洲的海，这里的阳光更刺眼，海水更凶猛，潮起潮落间，总有当地人划着独木舟在浪涛中穿行，从容不迫。我徜徉在海边，心想，要是能跟自己爱的人分享这一切，一起手牵着手，漫步在海边，看海天之际的美丽日落，该多好啊……

可惜，人生就是这样——老天给你一些，就拒绝你另一些，让你就像

❶
❷
❸

❶ 弗里敦的渔船

❷ 大龙虾

❸ 这里做饭还是用柴火，所以吃一顿饭等上菜要等很久

前头拴着胡萝卜的驴，看到希望在眼前，于是奋力奔跑，可惜永远也得不到自己最想要的。或许，有缺憾的美，才是真的美吧。同样，良辰美酒奈何天，冥冥之中有定数，尽人事，听天命吧。

不过，没人陪伴的好处是也没人看着你。我在这里大肆购物，买了一堆木头雕刻，还有一直梦想着要买的非洲鼓，准备把这些死沉死沉的东西运回家去。可是，我们俩都很笨，不大会砍价，丹麦姑娘一把钱换算成欧元，就觉得便宜得要死，不打算砍下去了，而我一向不精于此。结果就是两个穷光蛋背着一堆没用的木头回家去了……幸好，明天就回在弗里敦的宿舍了，除了去趟超市撒些银子之外，没有别的消费，不然的话，我俩后半个月就要靠借贷度日了。

回到医院一个半月后，我们又迎来了长达10天的第二次休假。由于姑娘们的主意总是变来变去，由于机票太贵，我们最后决定再去一次沙滩过假期。但是，所有听说我们要在雨季去塞拉利昂海滩的人，都大摇其头。因为雨季，总是下雨，不是去海滩的好时候。

可是现在我就坐在海滩上的小木屋里，看着深蓝色的海水变成黑色，听着海鸥鸣叫，贪婪地呼吸着混合着海洋味道的空气，感受着湿润的海风，嗯，还有时不常刮进屋里的小小雨滴。感觉其实也不错，因为整个海滩，只有我一个人。

海岛的影子在海天之际若隐若现，海滩不远处则是烟雾缭绕的山峰，隐隐约约间宛如仙境，层层叠叠不停变换着白色、灰色、黑色，远远望去，就像是一幅写实的中国水墨山水画。大雨过后，太阳露出小小的笑脸，瞬间便有一道彩虹挂在山际和沙滩之间。

在塞拉利昂，我实现了两个梦想：其一，是在下着大雨的海滩上奔

跑；其二，是拥有自己的私人海滩。拥有自己的私人海滩，不需要变得有钱，不需要买个私人海岛，只要能顶住周围人的诧异目光，在雨季跑到海滩上去就能实现。

在这个世界上，没有百分之百的完美，所以得到些，大多数时候就要放弃些。而有的时候不人云亦云，坚持自己的选择，反而会有不一样的收获。比如现在吧，旅馆房价便宜，不用提前订房间，不用忍受人挤人的海滩盛景，甚至在海滩上兜售的小纪念品的价钱都要比平时便宜很多。还是很不错的。当然，与此同时你要忍受，连续几天下雨没太阳，海滩上有很多狗跟着你跑来跑去，因为它们都很饿。有时很冷，不提前订饭就没有水果和蔬菜。当然，风浪很大，不能下海游泳。

就在我们吃午饭的时候，听到有人在哭。负责我们餐食的小姑娘告诉我们，前一天风浪很大，出海打鱼的船只受损严重，其中有只船，到现在也没有回来，哭泣的是失踪男孩的祖母。

傍晚的时候，海水涨潮，浪花很大，有时几乎有两米高，虽然离我们很远，仍然能感到自己有些紧张，也许是出于对未知事物的恐惧，也许是出于对大自然的敬畏，总能想起科幻小说和电影里可以摧毁一切的海洋。在自然的力量之下，人类是如此的渺小，不堪一击。

村子里的男人们正忙着修船，因为据说风暴已经过去，等天气好些了，就能出海打鱼。对于他们而言，出海，回家，出海，回不了家，似乎是再正常不过的事。悲伤也好，哭泣也好，生活还是要继续，不出海，如何活下去呢?！对于他们而言，新生和死亡，都是生命的一部分，反而能平静接受，毫无怨言。

第2章

喜欢的事情，忍不住努力

妇产科医生的执念——顺产日

记得我说我们这里剖宫产率很高吗？

因为这是个转诊中心，到这里的病人就诊时病情都很重，几乎都患有妊娠并发症，病情危重时才来医院，没啥毛病的都在家里和诊所里解决了。

可是，这天，统统都是顺产，8个病人，两个双胞胎。一夜没睡的助产士大妈美滋滋的，精神得很，早上交班的时候骄傲地说："这个，顺产，那个，也顺产……"然后用无比爱恋的眼神从新生小娃们稚嫩的脸上逐一扫过。

我做认真状，心想：太好了，能开出一堆"出院"去（顺产24小时后出院）……

这不是一个早产儿，而是足月出生的低出生体重儿（因为母亲孕期营养不良），还没有旁边的娃娃大（摄影：Malin Fransson）

我们这里有23张病床，算是个很大的病房了，但由于床位供不应求，常常出现三十几个病人挤在病房里的情况。记得我第一次值班时，最后没办法，让病人住到儿科病房去了。自那之后，我们就想尽一切办法，减少病人住院天数，把能办出院回家的都让他们回家。

当然，妇产科病房在医院里并不是最大的病房，最大的是儿科的营养不良治疗病房，一般能住七十几个病人。儿科医生总是加班，因为病人实在太多，忙不过来。

不过，有的时候，乐极会生悲。早上还没查完房，来了个产前出血的，经诊断为胎盘早剥，菲律宾医生消毒刷手上台[1]，我在外面看，怎么那

1 医生做手术之前的必要步骤，消毒双手及肘上。

么多血？要知道，术前血色素只有4.5克啊，这么个出法，病人要够呛了。嗯，开始切除子宫了……

出来问菲律宾医生，他说："14次怀孕，生了12个孩子，其结果就是子宫拒绝收缩，不切止不了血。"麻醉护士看我瞬间变化的脸色，接着跟我说："姑娘，没见过吧，我们这儿还有怀孕17次的呢……"

下一个是个两次剖宫产、只有一个孩子的妈，要做第三次剖宫产。我开始动员家属做输卵管绝育，丈夫不同意，说："我们只有两个孩子（算上这个），我觉得吧，5个才刚好。"

……

对了，讲个笑话，某天夜里急诊手术，全麻，手术完病人醒了，问麻醉护士一句话，麻醉护士乐了半天才翻译给我听，病人问："我是死了吗？这里是天堂吗？"我也乐了，说："欢迎来到天堂，这里很凉爽，因为有空调，哈哈……"

工作狂和工作狂的同事

我们新的一天是这样开始：

周一，看着护士小姐们带领着全病房家属和能走路的病人在病房里载歌载舞一番之后，对住在病房里的32个病人逐一查房，把能出院的病人都送出院。

经过两台剖宫产和一台生产后的胎盘滞留清宫术后，就到了午饭时间。我本来想去吃饭，发现新病人到达，18岁的妈妈，头盆不称，接着开台。打开子宫一看，到处都是宝宝的便便——嗯，估计又是临产好几天了才来的。现在，我对这种情况已经习以为常，见怪不怪了。这里几乎没有病人是按照我们平时在国内的产检频率出现的，也几乎没有病人是在发现异常之后立刻来医院的，她们都是在等了又等，觉得实在没有希望，或者人真的快不行了的时候才想起来往医院送。所以，我们见到的永远是出血

❶ 当地妇女在门诊等待看病（摄影：Anne Andersen）
❷ 麻醉护士约翰在工作
❸ 病房里载歌载舞的健康教育

出到休克的病人，生宝宝生了好几天还生不下来的病人，而且陪着来的永远都是娘家人——孕妇的母亲、父亲、兄弟姐妹之类。

为什么呢?

因为在塞拉利昂，男人可以想娶多少个老婆就娶多少个。老婆怀孕了？好，发回娘家去，生完娃带着娃再回来。照顾怀孕的老婆可不是丈夫的责任，而是娘家的。如果孕妇真的有生命危险，娘家人会通知丈夫，他再赶过来。这就是为什么我们总是找不到丈夫的原因。反正丈夫总有不怀孕的妻子在身边，而妻子们总是在不停地怀孕。

什么？这么多妻子，做丈夫的养得起吗？妻子也可以工作的啊，甚至妻子也可以养家糊口，丈夫是不会介意的。这里没有丈夫一定要挣得比妻子多、必须担起家庭重担的价值观，在这里，谁都可以。

我偷摸着感慨了下，在塞拉利昂当男人还是比较幸福的啊!

从手术室出来，上台手术的小姑娘叫我过去。她“Anti”“Anti”叫个不停，开始我以为“Anti”是对妇女的尊称，结果发现是“妈妈”的意思，我这个尴尬啊……好吧，要是我也十五六岁就生孩子，估计这会儿就适应别人叫我妈妈啦。

话说妇产科医生和泌尿外科医生，都是搞“下三路”出身的，平时恨不得说个笑话都得扯到本专业上去。到了塞拉利昂，别人先学会的是“你好”“谢谢”，我们呢——“脱裤子”“上床”“分开腿”……平时在病房里说说不觉得什么，等到离开医院，要跟当地人打招呼的时候才发现：唉，怎么学的词都用不上呢!!!

新纪录就这么到来了

时间过得可真快，转眼之间，来到塞拉利昂已经一个半月了，这次任务的四分之一就这么过了。既没想家，也没觉得度日如年，而是非常享受在这里的每一天。

工作辛苦，但是高兴；身体没胖，比在国内时更结实了，自己都能感觉到体力在逐渐恢复，不像从前过着跟猪一样的生活，每天吃得多，动得少，不干别的净养小肚子了。

月底统计数据，结果颇令我们振奋，4月的母亲死亡率是：零！！

要知道，以前这里可是平均每周死一个病人的；我们做了107台手术，是医院开院以来做得最多的一个月；接诊了221例病人，仍然创了历史纪录。

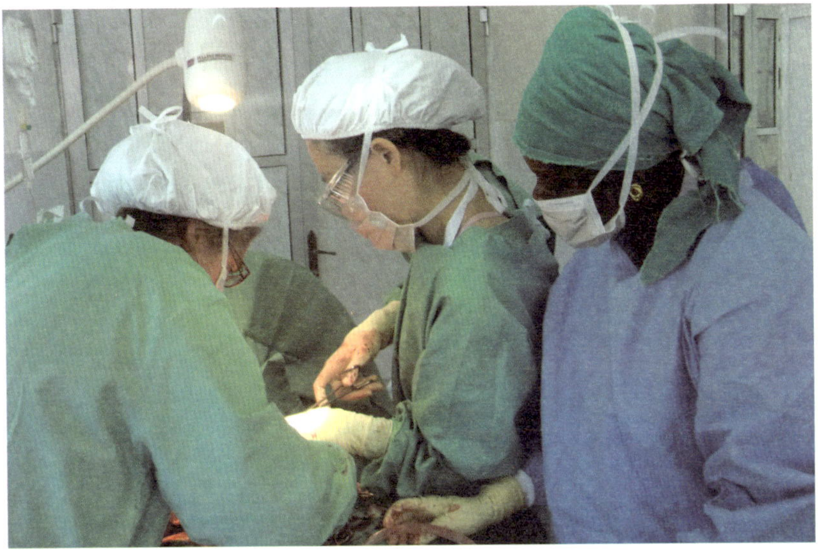

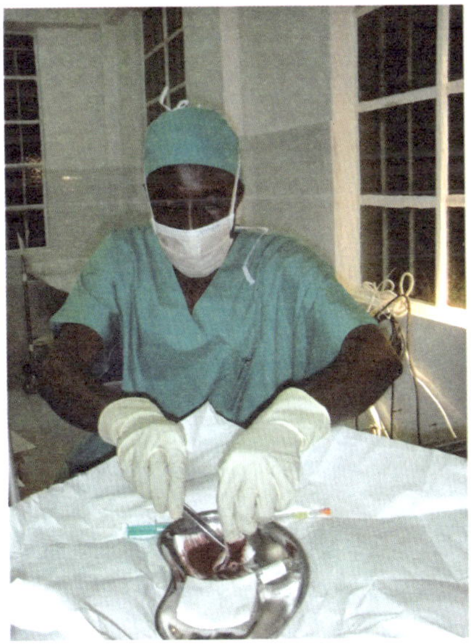

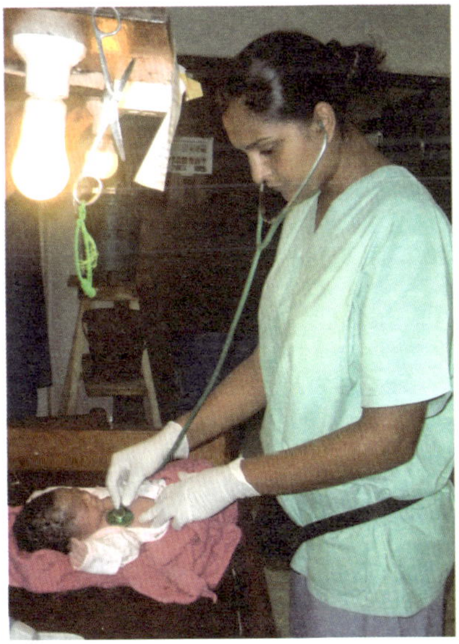

❶
❷❸

❶❷ 手术中
❸ 医生在检查新生儿

每当看着又一个濒死的病人被我们从死亡线上拉了回来，我们就如同直接打了兴奋剂：累，但是值得！可能就是作为医生的成就感一直支撑着我们。

在非洲行医和在国内行医，感觉是很不一样的。

首先，病种不大一样。通常在国内，我们的病房里都是妊娠合并糖尿病、先兆子痫，或者先兆早产要保胎的病人。有些病情虽然很重，但是由于一直在医院里观察，所以一旦出现什么变化，我们能够及时发现并及时处理，很少出现孕产妇死亡的情况。

这里，人们很少接受医疗保健方面的科普教育，而且医疗设施贫乏，没有足够的医生和护士，人们缺乏最基本的医疗常识，比如，怀孕要定期产检，或者出现什么样的症状要去医院就诊。因此，病人总是在最后一刻被送到医院。来的不是子痫发作过的，就是前置胎盘大出血的，要不就是胎盘早剥好几天的，就连个产后出血也得休克了才来……当然，有的时候不是家属和病人不积极，而是因为他们住的地方离医院太远，交通又不便，虽然我们医院配有两台救护车，但对于越来越多的病人而言是远远不够的。

这里的产褥感染率也非常高，由于卫生条件不好以及病人的营养状态欠佳，伤口感染和愈合不良是家常便饭。有的时候还能见到重度盆腔感染的病人，真的是满肚子都是脓啊。

唯一值得庆幸的是，由于这里抗生素的应用还不普遍，病菌对于抗生素的耐药性还没有普遍出现，通常情况下，即使是重度感染，应用青霉素+甲硝唑+庆大霉素这几种便宜的药物就能够完全治愈感染。在这里还能够体会到20世纪医生刚刚接触抗生素的狂喜心情，无论多么重的感染，真的能

“药到病除”！所以虽然条件有限，但是在彻底的清创手术后能看到病人慢慢康复。

虽然这里的生活条件无法和世界上大多数国家相比，但是这里的人们永远都面带微笑。即使是我们的病人，但凡能站起来走路的，都会随着音乐翩翩起舞，也会在遇到医生的时候亲切地打招呼。对于医生，他们是抱着尊重和感激之心的。虽然我们的医生来自世界上不同的国家，有比利时人、印度尼西亚人、菲律宾人、加拿大人、美国人、丹麦人、瑞士人、西班牙人、南非人……差点儿忘了自己——嗯，中国人，虽然我们的语言和文化并不相同，但是在这里，你丝毫感受不到生疏和隔阂，你感受到的是温暖和友好。

一听头就大

这次值班也很忙，不过由于是从下午忙到晚上，一整夜都没有新病人，所以相对来讲不那么辛苦。

新挑战是个住在村里，做过两次剖宫产手术，因为没有车能把她送到医院而在家里待了近一周，好不容易有了车，送到当地的医院，可是没有能做手术的医生，于是在临产三天后才到达我们医院的孕妇。

一听头就大，这第三次剖宫产手术，肚子里得粘连成啥样啊！收拾收拾，做好术前准备上台，打开皮肤，嗯，还好，不怎么粘，打开筋膜那层，嗯，好像也还凑合。结果发现自己高兴得太早，因为筋膜下，肌肉、腹膜、膀胱和子宫粘连得一塌糊涂，膀胱被高高地拉在子宫和筋膜之间，完全覆盖在子宫的原切口上。我小心翼翼地分啊分，终于分出一片干净的“天地”来。不过，通常子宫下段会有一部分死死地跟膀胱粘在一起，我尝试着分离粘连，一分就出血。于是，我决定做子宫纵切口剖宫产。打开宫腔，一股黏稠的黑绿色物质涌了出来，是羊水。不过，正常的羊水是清亮透明的，而且量要远远大于这位肚子里面的。把宝宝拉出来，嗯，活的，哭得还不错，不过宝宝身上也被染上了黑绿色。

查看子宫，不错，没有出现裂伤到膀胱这种悲惨的情况，于是仔细缝合，检查出血，做绝育，关腹。心里想，她可别得什么其他的需要做腹部手术的病啊，不然下一位负责做手术的医生看到粘连时，估计哭死的心都有了。

想起前些天来医院做超声的4次剖宫产史的病人，我就更加郁闷了。虽然才二十几周吧，但是早晚会落到我们手里。可是你知道吗？那剖宫产瘢痕恨不得都超过了肚脐，斜斜得像是个扩大的阑尾炎的口子，当然是在肚子对称的位置上。肚脐眼儿呢？我找了半天，没找到肚脐眼儿在哪里。关键是，病人前三个孩子都死了，所以估计做了这次，还得有下次，就是不知道谁是那可怜的医生了。

因为个子矮小的孕妇，出现头盆不称导致难产的概率会大很多，所以我们要求所有矮个子的孕妇都到医院来生产。什么时候你听分娩室里叽里呱啦叫个不停，多半就是初产的矮个子孕妇。她们个子矮不仅仅因为生长的问题，有时是年龄问题，十五六岁就怀孕当妈妈的女孩子，个子能高才怪。

荒野味道

虽然每天忙到要死，我们菲律宾医生的精力仍然很充沛，不仅坚持健身，还想方设法让自己在这里过得高高兴兴的。

一天，我值班（我周末值班，所以他能去玩儿啊）。他前一天一整天都没睡，就吃了一顿饭，非要跟着我的车去“沙滩”。说是“沙滩”，其实是医院旁边的一条大河，河岸圈出块儿还算细腻的类似沙滩的地，然后大家到这里聚会玩耍，门口站个工作人员卖票。

三点多，饿得要死，人老人家发短信“来吧，这里有吃的”“来吧，景色很好”……到了地儿一看，是还不错，很幽静的地方，还能划船和游泳。水很清澈，隐约能看到小鱼小虾在里面游泳。岸边拴着几条原木制成的独木舟，微风吹过，吹皱一池春水，颇有“野渡无人舟自横”的荒野味道。

野渡无人舟自横

远眺可见弯弯大河，河水缓缓流过。天边偶有飞鸟，可见路人二三，率性而舞，影影绰绰，恍若隔岸便是另一个世界。

天气很热，热得都不出汗了，似乎能看到一缕缕青烟直接从皮肤表面蒸发而去。阳光刺眼，却照得景色分外明媚。

这里俨然郊野公园，有形形色色的热恋男女手牵手闲逛，女生们都酥胸细腰翘臀长腿，打扮得美美的，摆出各种姿势让男朋友照相。看来无论在哪里，大家约会时进行的活动都差不多。

大热天，没人在河里游泳，问问其他人，说只有白天能游泳，晚上严禁下河。

为什么呢？因为“我们肤色太黑，晚上游泳出危险的话，没人能看得见啊”。原来如此。

吃的路边烧烤，结果因为实在太辣，回去就拉了肚子，后半夜净跑厕所了，此为后话。

沮丧的一周

这一周是我到项目以来最为沮丧的一周，如果说开始的一周是因为适应不良，现在则是因为诸多变故，刚认识的朋友结束任务回去了，自己的同事——菲律宾医生高热不退，疟疾测试（+），服用抗疟药物三天仍没有好转，拉沙热检测阴性，第二天把他送到弗里敦去做进一步的治疗。我不得不一个人管理整个病房、分娩室和手术室，和各种物资短缺做斗争。从周一开始值了整个一周的夜班和周末班，在另一个医生值班的时候还要做好被打扰的准备，因为她不是个妇产科医生，仅仅是具有手术技能的医生（medical doctor with surgical skills），一旦遇到复杂病例，她就要叫我处理，而这里的病例几乎都是复杂病例，所以她值班是板上钉钉要叫我的。

整个一周都处于睡眠不足的状态中，这一天尤甚，走路都走不直，说话的时候感觉脑子转得很慢很慢。总是想说中文，总是想冲谁发通火，总是心情很差。

前一天，给一个剖宫产史病人手术，我足足用了103分钟才完成，因为粘连得一塌糊涂，子宫宫体几乎都是空的，胎儿在子宫下段，把子宫下段撑得又薄又大。估计是因为粘连得厉害，所以没有子宫破裂。这是我头一次看到这样的情况，分粘连分得差不多的时候，我摸了一下子宫还想呢，这什么啊这么大个，大肌瘤？结果是孤零零的宫体，里面只有胎盘。幸好我清楚地辨认了膀胱和子宫之间的关系，顺着与膀胱平行的方向做的切口。事实证明，这个选择非常明智，因为子宫的确不在原来的位置上，而是斜斜地倒向了左侧腹腔。如果我还是按照平时做剖宫产的方法切开，那么势必就要造成膀胱的裂伤。

下班，立刻冲到超市去买下周的储备，为自己日夜颠倒的生活做好准备。晚上吃饭的时候心情差到极点，没有食欲（加上晚上的饭实在是太烂了），想来想去，决定看我的最爱《阿甘正传》，希望能让自己重燃对生活的热情。不然的话，我真的会抓狂到极点。还有个严重盆腔感染的病人等着星期一做探查呢，想想就觉得痛苦。下班去看菲律宾医生，他说："真抱歉，辛苦你了。"我说："希望你能好起来，再回来。"

我们的项目统筹由衷地对我说："你知道吗，因为这里是两个医生的职位，所有在你们之前的医生都有很多矛盾，总是在吵架。而你们俩在一起工作，配合完美，工作成绩非常显著（当然了，创了很多个历史纪录啊，这一个月没病人死亡，没伤口感染，做了有史以来最多的手术，收了有史以来最多的病人），更为重要的是，你们还总是互相照顾，就像家人一样……"知道为什么我心情很差吗？就是在听了这番菲律宾医生因病要被转走之前的话。

工作愉快，相处也愉快，配合又默契，互相照顾，又互相尊敬，基本上没有矛盾，两人还总抢着干活，这样的工作伙伴打着灯笼也难找，结果呢……

唉，我的心情瞬间就像坐过山车一样降到了最低点。

无国界医生是怎样一群人

俗话说："物以类聚，人以群分。"传说无国界医生是一群医生和记者在20世纪70年代初创办的。而无国界医生的宗旨是去到战乱之地、疫病流行或自然灾害发生之地提供医疗救助，同时不论病人的政治立场、宗教立场、所属种族，只为最有需要的人提供最急需的救助，同时，不对不人道的行为保持沉默。抱持着如此理想主义的理念，可想而知，参与无国界医生的，都是怎样的一群人。

加入无国界医生之前，我总觉得自己是个有奇怪想法的人，周围的人听了我的观点，往往免不了面露诧异。可到了项目上，突然发现自己其实还能算个"乖乖女"，周围的同事不是早就有类似的想法，就是能够宽容地理解我所做出的选择。

因为每个人参与项目的时间都不尽相同，因此不断有新人到来和旧人

❶
❷

❶ 医院No.1项目统筹在车顶（摄影：Gloria Leung）

❷ 大家在欢送来自美国的老嬉皮士，医院感染专家（© Niklas Bergstrand / MSF）

离开。大家对此已经习以为常，微笑着拥抱，然后说“再见”，希望能在下一个项目或者总部相遇；也会微笑着迎接每个陌生的面孔，并给予力所能及的帮助。

在这里，大家生活和工作得就像一家人一样和谐。而作为无国界医生的一员，你需要适应孤独、压力和繁重的工作，同时保持良好的心情。每个人都必须学会自娱自乐，照顾自己，同时照顾别人。

以前总觉得自己时不常地会产生依赖别人的心理，总想偷懒，把很多事情推给家里人去做，现在则发现，自己的内心其实可以很强大。

也许这就是一个人逐渐成熟的标志吧。忙碌时，我全力以赴；闲暇时，写写日记，看看书，看看电影，甚至什么也不干，对着天边的云彩发发呆，居然也感觉很幸福，幸福而安逸。如果能永远这样生活，估计我永远也不会厌倦。

就像很多了解我的人说的那样，这样一份工作，实在是非常适合我的性格的。工作中每天都有新的挑战，需要面对新的极限，了解自己的潜能。虽然会非常疲惫，但是心底的渴望告诉我，挑战自己之后的满足感无与伦比！估计很多人都有跟我类似的想法。

在这个世界上，有相当一部分人，他们渴望四处走走，不甘于平淡的生活，甚至视颠沛流离为乐事，面对艰苦的生活环境而毫无抱怨。

一旦开始这种生活，你就会逐渐上瘾，欲罢不能。你会一个项目接一个项目地继续，跟随内心深处的声音，抵达世界的彼岸，永不停止。

心碎时刻

今天，我过生日，整30岁。

今天，我见到一个同样是30岁的病人，怀孕6次，生产5次，两个孩子幸存。到达医院时，产前出血，胎盘早剥，胎死宫内，失血性休克，弥漫性血管内凝血，血色素3.8克，血压60/40mmHg，脉搏测不到，四肢厥冷，血液无法凝结，血管细到找不到。

开放静脉，输血，输液，病人的情况仍然没有改善，而且是每分钟都在变得更加糟糕。

耳边只听得病人的呻吟声，监测机器的滴滴嗡鸣声，待产室里却是一片沉默。因为我们都知道，结局即将是什么。

病人的家属齐刷刷地坐在病房外面等待，安静而沉默。我几乎不愿去想，病人的孩子们，是多大年纪，病人的丈夫，该有多伤心。

最终，我什么也听不到了，没有呼吸，没有心跳，没有呻吟，只有血，还在持续不断地流淌。她的丈夫伤心地哭泣，失去年轻的妻子，留下年幼的孩子，对于一个男人而言，是莫大的打击。

因为在这个国家，失去母亲，几乎就意味着没有人能照顾孩子，而这些失去母亲的孩子，极有可能活不到成年。

当班护士的眼睛里，有盈盈的泪花闪烁。

同时，你却知道，同样生活在这个世界上，在另一些国度里，30岁的姑娘，有完全不一样的人生，正处在生命中最美好灿烂的时光，能轰轰烈烈地谈一场恋爱，能有幸福的家庭和健康的孩子，能有份报酬丰厚的工作。

而在这里，30岁的姑娘，已经是两个孩子的母亲，没有钱，吃不饱，即将死去。

有的时候，事实很残忍，让人不忍面对。

这里是塞拉利昂，在这里，5个小孩子里，就有一个活不到5岁；

这里是塞拉利昂，每周，我都要面对一个几乎跟我一样年纪，甚至比我还要年轻的母亲死亡。最年轻的，只有17岁。

17岁，我正在上高二，忙着对付考试，抽空偷偷摸摸谈恋爱。

17岁，她第一次做妈妈，怀孕30周，因为子痫发作导致脑疝而死去。

无数次，我靠在病房里一个阴暗的小角落，将沮丧、悲伤、痛苦、无助等深深体验，最终仍然要收拾心情，继续工作。因为我们知道这里有很多的母亲和孩子，在本该是花一样盛放的年纪里，离开人世。他们需要帮助。

雨季，非洲的冬天

几天前，好久没有联系的朋友发短信给我，说“你那边是冬天啊”，我断然否定，在非洲，赤道附近，哪儿来的冬天……

结果，没过几天，半夜里下起瓢泼大雨，伴随着电闪雷鸣，我冻醒了，四处找保暖的东西盖，心里偷偷地想，真的好冷啊……盖着薄毯还不够，要加上洗澡用的长浴巾才稍稍感觉温暖。洗澡的时候要再三尝试，才能站在水流下战战兢兢地冲两分钟对付对付，更别提洗头这件麻烦至极的事了。

白天仍旧很热，清晨的时候你能看见当地人穿得厚厚实实骑在摩托车上，毛线帽子，厚棉服，大皮靴，的确穿的跟我们的冬天一样，然后看着我们这些穿着短袖衬衫，挤在越野车上热得要死的人飞驰而过。

雨季上班的路况

因为是雨季，意味着经常下雨，白天下，晚上下，持续不断地下，下下停停，就像《阿甘正传》里说的越南的雨，有着各种各样你能想象得到和想象不到的类型。对于同样来自热带亚热带的同事而言，他们已经见怪不怪了，但是对于来自四季分明地区的人，比如说我，则经常发出惊诧的感慨。不是觉得雨下得太疯狂，就是觉得自己生活在一个巨大的烤箱里，现在则开始抱怨天气太冷。

周围的同事纷纷受凉感冒发热，早上坐在车上，能看到本来就很颠簸的红土路上到处都是积水，有时还能看到车的底盘进水陷在大坑里。这时，我会非常庆幸我们坐在四驱越野车上，没有类似的烦恼。不过晚上下班回家的路上有时就有点儿艰难了，鞋陷在泥泞里是经常发生的事。不过，我们还是愿意结伴慢慢走回去，因为路上能看到可爱的当地小孩子无忧无虑地奔跑玩耍，半大小伙子在空旷的草地上踢足球。幸运的话，还会有漂亮的小姑娘羞怯地跑过来送给我们鲜艳的玫瑰。草丛里有母鸡带着小鸡们到处找食，山羊咩咩叫，还会有好奇的狗狗跟在人群后面跑来跑去。

每天早上会被清脆的鸟鸣唤醒，快速冲个冷水澡，喝一杯浓浓的咖啡，精神抖擞地去上班。每天晚上，拖着疲惫的身体回到家，跟姑娘们聊聊天，吃晚饭，然后坐在桌子前面等着来电——每天只有晚上7点后房子里才有电哦，认真地记录下每天的生活。虽然没有电视，没有网络，没有城市里的众多娱乐设施，可是生活一点儿都不枯燥，反而平静而安宁。

倦鸟归巢，早上总被树上栖息的鸟儿吵醒

宝贝机器

一天，项目统筹一脸严肃地找到我，说："有件事找你谈……"我看着他，心里琢磨，啥事啊，这么正经的样子。平时，这家伙总是在开玩笑，难得那么严肃。——哦，原来是有个孩子从树上掉下来，头破血流的，腿上也有伤，想让我帮他们看看，有没有腹部内脏的损伤……

最近非常幸运，我们从仓库里找到了一台全新的便携式超声机器，分辨率很高，连宝宝的眼睛鼻子都能看得很清楚。虽然是便携式超声机，机身袖珍便携，可外在的保护措施一点儿都不便携，硕大的一个旅行箱，害得我整天拖着个大旅行箱在医院里四处乱走。但是，谁叫那破箱子那么沉呢，谁叫这高级机器那么贵呢，我们只好随身携带以防丢失了。

我拖着整箱机器去了ICU（儿科的重症监护病房），医生正汗流浃背地给孩子做头部缝合呢。据说有颅内出血，有头部及腿部的外伤，所以项目统筹想把病人送到首都弗里敦去，但在此之前要知道有没有内脏器官的损伤以及腹部的内出血，以决定病人的进一步处理。所以，就叫上了我这个业余超声医生。

在两个儿科医生、一个麻醉科医生面前班门弄斧，着实有点儿紧张，不过幸好当年学的还没忘，知道正常的肝脾肾肠在超声上显示的是什么样的，也知道内出血的超声表现，先做腹部的触诊，孩子很平静，然后用超声慢慢检查，嗯，看上去一切正常，大家都松了口气。

接下来是麻醉科医生出马做肺部的超声，也是为了看看有没有出血气胸什么的（这里没有X光，所以没有超声的话，只靠身体检查，等于近乎猜测），也没什么问题，于是开始讨论怎么转送病人的问题。

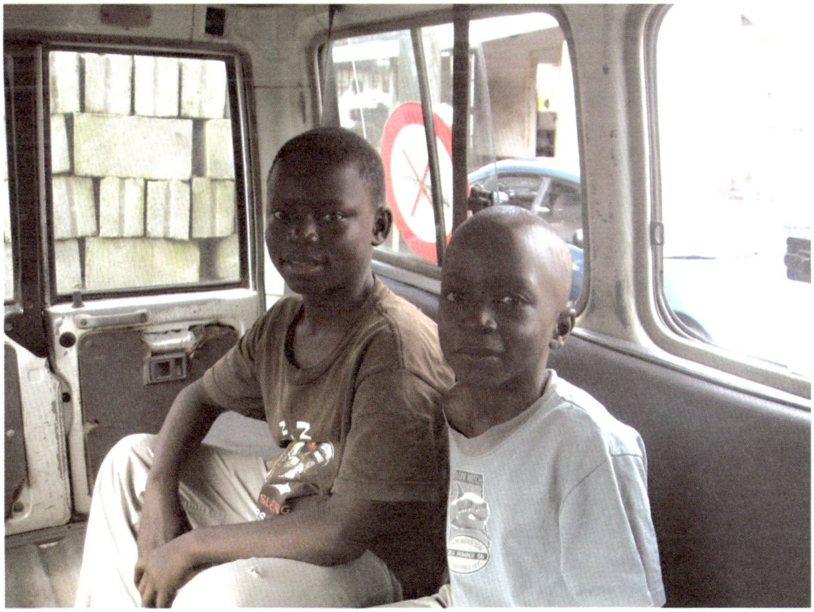

被转诊到弗里敦的孩子

后来？后来，我就看见来帮忙的营养病房的儿科医生全身湿透，跑去换了身干净衣服；项目统筹那高耸的鼻梁上滴滴汗珠滚落，也顾不上擦，忙着和过敏起了满脸包的ICU的儿科医生讨论下一步处理方案。而我呢，收拾收拾宝贝机器，准备开溜……

“Thank you for your help， Dr. An Na.”

“哦，不用谢……”

雨季生活猜想

最近不忙，病人似乎在一夜之间就骤然减少了，心里还挺奇怪的。某天，在产房里突然顿悟，原来这里的人怀孕生孩子跟咱们一样也是有规律的。我们是挑好日子生，不能太热——坐月子不舒服；不能太冷——赶上没暖气又冷的那几个月简直就是痛不欲生啊……这里呢，就分旱季雨季。雨季的时候，就像现在，天天下雨，不是白天下就是晚上下，有时还是白天晚上连着下。雨呢，也是各种各样的，有暴风骤雨，有涓涓细雨，有卷着沙石昏天黑地的雨，有东边日出西边雨……大家在雨季的时候不能出门啊，在家无聊做什么呢？干干体力活儿吧！于是，雨季的时候纷纷怀孕，旱季的时候成拨地生孩子。

我把这个结论讲给当班的助产士听，她笑得花枝乱颤的，说：“有道理啊有道理。看来最累的时候被你给赶上了，希望以后能好些。别这么生了，不然我们也受不了。”

另外，因为目前没有合适的妇产科医生能来塞拉利昂做长期项目，无国界医生比利时部负责妇产科评估的医生来帮忙一个月，我们以前就认识，见面之后开启“互相拍马屁模式”。

她说：“你们工作做得不错嘛，你的英文也大有长进。”

我说：“我就喜欢你这样知道非洲人民不容易，无时无刻想着节俭而非抱怨的医生。”

皆大欢喜之下，两个事儿少话多的医生合作也非常和谐。

前几天，赶上一个奇怪病例，我接诊的，孕28周妇女，发热、腹痛、恶心、呕吐、排血便一周，胎儿正常，麦氏点压痛反跳痛阳性（提示阑尾炎的身体检查），考虑外科情况，转院，结果是拉沙热。

所有接触过她的人都很紧张，我倒是还好，因为我永远在接触病人前戴手套外加事后洗手若干遍。拉沙热不是埃博拉，不会通过呼吸系统的飞沫传播，只要保护措施到位，就不会感染。

项目统筹也很郁闷，因为我们一致认为病人不是拉沙热才把她转院的。项目统筹刚把所有接触的人员逐一登记外加交代注意事项（21天内每天量体温），这还没完全摆平呢，结果听说儿科急诊刚去世一个孩子，高度怀疑拉沙热，这回有直接接触的更多。

我眼瞧着项目统筹的脸呱嗒一下就拉长了。真是紧急情况一件接一件啊，心里得出两个结论：

第一，还是当医生好，工作单纯，项目统筹真不是一般人能干的活儿；

第二，这哪儿是常规项目啊，分明就是个紧急项目（Emergency Mission，

③
①|②

❶ 雨季中的弗里敦街景（摄影：Gloria Leung）

❷❸ 送花给我们的少年（摄影：Gloria Leung）

像传染病，如埃博拉出血热或拉沙热等就算紧急项目了）。

也许人在努力工作的时候都不会感觉时间流逝吧，一眨眼来塞拉利昂已经几个月了，心里不由感慨时间过得可真快。

而最让我感慨的是，头一次，我从工作中寻找到乐趣、成就感和满足感。为什么？因为现在凡是我做剖宫产出生的小女孩统统被取名叫Anna，哈哈哈……

和病房里的工作人员相处也很愉快，产房的助产士极力怂恿我延期三个月，被我拒绝了，我还是想念家人、小崽儿。听说儿子都会成句成句地说话了，现在跟唐僧似的话痨得要命；听说老娘刚做完青光眼手术，不知道恢复得怎么样；听说老公又胖了，这该死的得胖成啥样啊……

可是，这里，有深深吸引我的、羞怯地跑来送花的孩子，路边忘情舞蹈的人们，云卷云舒间蓝得刺眼的天空，夜晚灿烂闪烁的星空，争相怒放的各色花朵……这些，只有亲见，才能深深体会。生命是如此多姿多彩，多体会多感受，多走走多看看，才不枉此生吧。

P.S.　这周去弗里敦过长周末，终于能歇歇了，跟我们甜心丹麦姑娘一起。好给别人起外号的毛病还是没改，这周我叫她睡美人（Sleep Beauty）。上周？甜心（Sweet Heart）。下周的已经想好了，公主（Princess）。天天扯着脖子乱叫，引得众人侧目。

面对沮丧、黑暗、心碎，保持欢喜

现在，终于体会到刘镇鲲医生（来自台湾地区的麻醉医生，出过多个无国界医生项目）在博客里说的“身心俱疲”是什么感觉。经历了死亡、传染病等考验和磨难之后，经历了各种繁重而艰辛的工作之后，如果你还能保持一颗强大的内心，那么恭喜你，你真的不是一般人。

本来我觉得自己能度过这最难熬的几周，可是事实证明，自己还是不够强大，不够冷静，对很多事情不能淡然处之。我的心情就像是坐过山车一样，起起伏伏个不停。

首次参与无国界医生的任务，就像是第一次谈恋爱，有些生涩，有些胆怯，有些期待，更多的是激动和兴奋。

几乎每个来塞拉利昂项目的人心里都是高兴的，因为这里是和平之地，没有战争，治安良好，家乡的食物有的时候在城里的超市里都能找

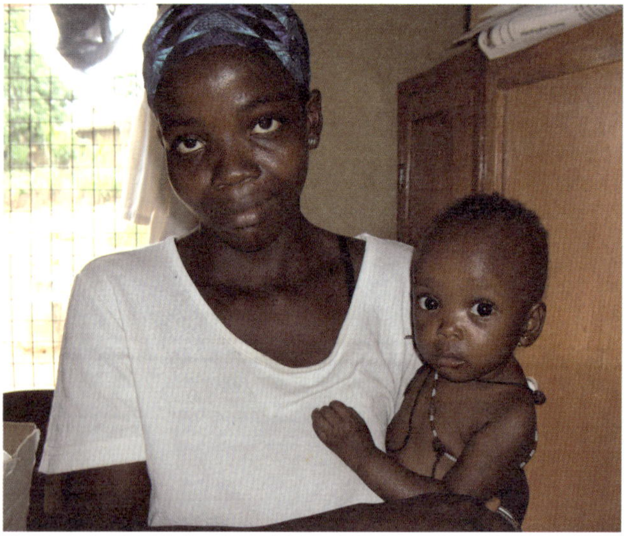

16岁的妈妈（摄影：Malin Frasson）

到，如果会做一手好饭，可以生活得非常安逸。

对于我们而言，每天要面对怀孕妇女和儿童，总是处在超负荷运转中。每个医生都在加班，每个医生回到宿舍什么也不想做，只想躺在床上美美地睡上一觉。而对于要值夜班的医生而言，可能连这都是奢求。有的时候，当我们的身体已经习惯了值班的生活，突然不值了——如我，居然不习惯，会失眠。

第一次恋爱，人们都会铭记终生。这次任务对我来讲也是一样，在任务中认识的人，从他们身上看到的、学习到的，参与任务本身带给我的挑战，比如，不断应付压力，不断面对自己的极限等等这些，我也会铭记终生。

当你眼睁睁看着生命在你面前消逝不见，而你却无能为力的时候；当你眼睁睁看着人们忍受痛苦而仍挣扎求存，而你却什么也不能为他们做的时候；当你发现原来人的生命如此脆弱，再强壮也禁不起一点点打击的时候，你会和我一样，陷入深深的沮丧之中。

如果没有死亡，没有饥饿，没有痛苦，没有悲伤，没有战争，没有直面那些血淋淋、鲜活活的现实，在大多数情况下，庸常之人如我，是万万体会不到生命的美好的，只会纠结在日常生活的琐碎中不能自拔，在日复一日的日子里沉沦下去。

但同时，你还是能感受到很多，迎来新生命的喜悦，见到人们在刹那间迸发的强大能量，体会生命力的顽强，体味原来仅仅活着就是那么的美好。

这次任务，改变了我很多很多，我再也不是遇到责任就慌张地想要逃跑，再也不会对着自己的亲人大声叫嚷，伤他们的心。我学会了忍耐、沟通、平和地面对遇到的困难，稳定情绪；学会了面对有限的条件、匮乏的物资，仍能努力寻找解决问题的办法，而非牢骚满腹，发火。因为医生解决不了所有问题，你在这里，要学会平静下来，尝试再尝试。

想起在高中时代，最喜欢看的书《飘》（*Gone with the Wind*）——是的，一切都会随风而去，消逝不见。每个人都在这世上努力生活。如何选择自己的生活呢？或许就像斯嘉丽最爱说的那句话一样：

Tomorrow is another day.

是的，当我完成这篇文字，当我学完自己每天逼自己学的外科学，当我累得在颠簸的四驱越野车上都能睡着，当我最终能舒服地躺在床上的时候，再沮丧，再悲伤，再痛苦，心里仍有这个念头：去他妈的，明天就是另外一天了！

斯嘉丽第一次草率婚姻没两天半老公就死了；第二次草率婚姻是为了生存下去而嫁给了个老男人；第三次不草率的婚姻自己唯一的女儿死掉了，老公说“我爱你爱到没有力气”要离开了，三张开外的年纪居然还能瞪着圆圆大大的绿眼睛，咬着一口小银牙，对着落日说：“Tomorrow is another day.”

我实在佩服得紧。

P.S. 今天是我家小崽儿的生日。我在我的主页上写道：“我的宝贝甜心生日快乐，你老娘给你的生日礼物就是她不在家，哈。”

最后说几句闲话，话说我又胖回原来那样了；话说我自打出了国，生活习惯无比良好，不抽烟不喝酒，不泡夜店不泡吧，每天早睡早起努力工作外加坚持锻炼，不疯狂购物乱花钱，简直一靠谱上进好青年，这让眼瞧着自己闺女吊儿郎当20多年，也不辞辛苦唠叨了20多年仍没见任何效果的老妈情何以堪啊。估计老妈早知如此，就早早把我搞到一边远山区待着去了。

说来奇怪，自此之后，开始想念家里的“小祖宗”，想起他摇摇晃晃走路，一脸羞怯地对着我挥手说“再见”的时候；想起梗着小脖子假装没听见我叫他“小祖宗”的时候；想起被我搂着强吻时一脸不耐烦外加能躲多远就躲多远的时候……

不煽情了，再煽有人就要哭了。

第3章

追着生命跑

——妇产科里的那些欢乐和忧伤

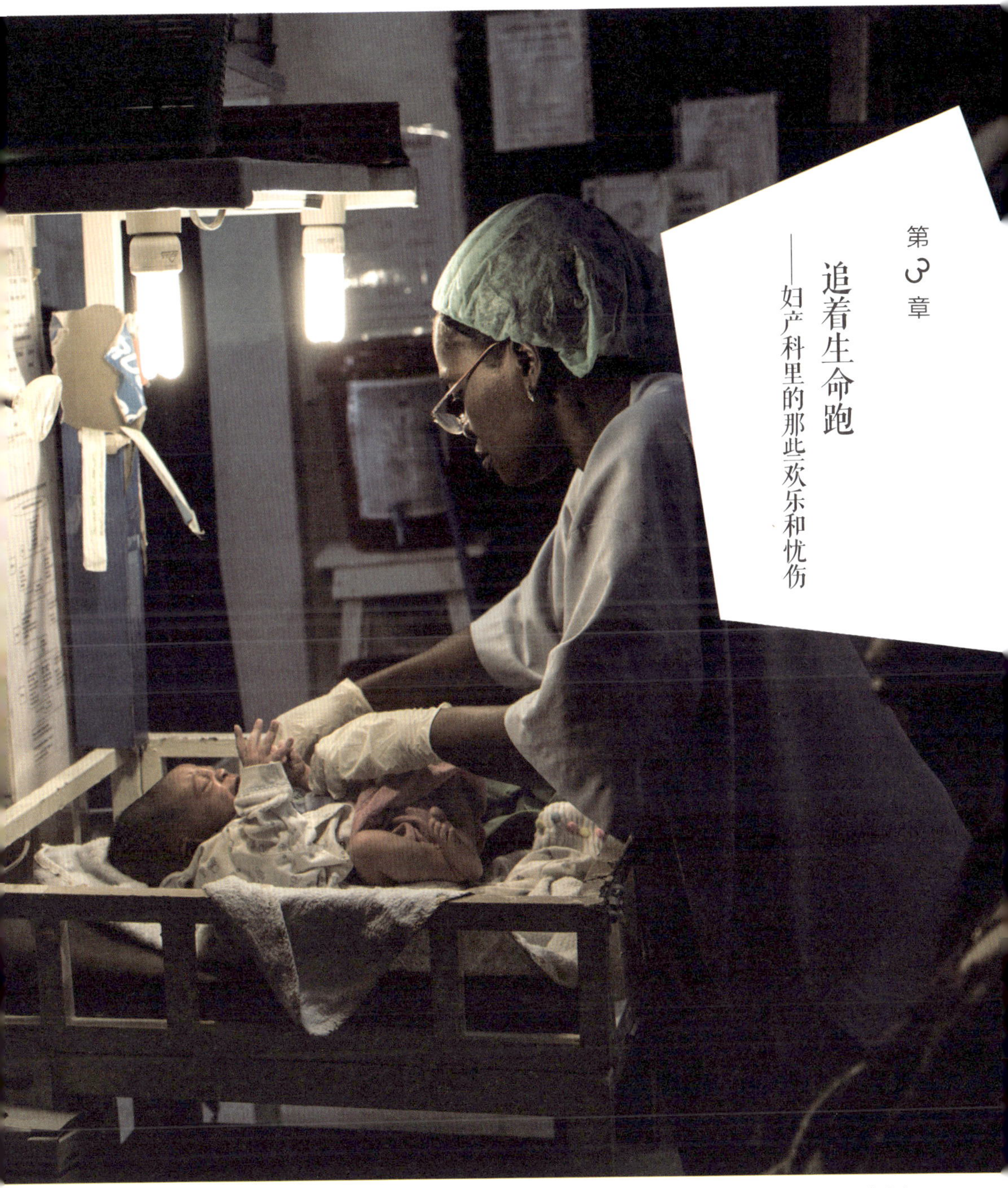

© Lam Yik Fei

子宫保卫战

每次，不论因为什么原因要做子宫切除的时候，我们都要提前问问麻醉护士："这个妈妈有几个孩子？"要是只有一个或者两个，我们总会尽一切努力，保留住子宫。

为什么呢?

因为在塞拉利昂的文化里，女性最为重要的使命就是生育孩子，而且越多越好。如果一个女人知道自己没有了子宫，或者因为其他一些原因不能生育，她们将面临被抛弃的威胁。因此，有些女人在知情后，甚至宁愿选择死亡。

作为外来人的我们真的很难理解，可是观察些时日就会发现，因为这里医疗条件有限，婴幼儿夭折率非常之高，5个孩子里就有一个活不到成

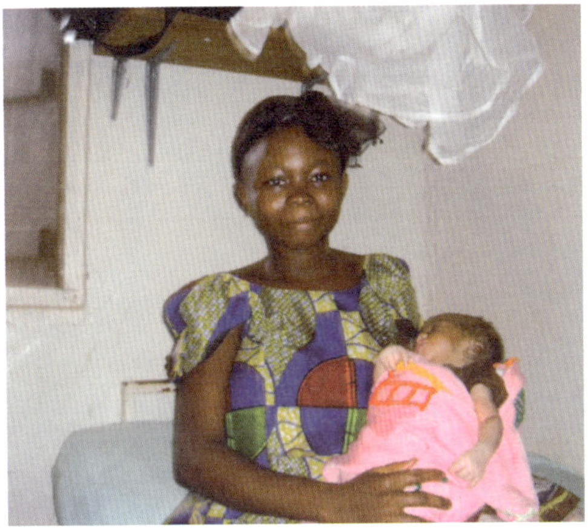

母与子（摄影：Anne Andersen）

年。医院里接诊的准妈妈一般都是怀孕四五次，生产四五次，只有两三个孩子存活。如果你非常幸运地看到个有5个孩子的准妈妈，一般说来她已经至少怀孕9次或者10次了（我们在医院看到的都是更严重的病人，所以她们孩子的夭折率更高些）。

女性一生能够怀孕生产的次数最多也不过10到15次不等，如果不趁年轻的时候赶紧生育，等到快要绝经时就太晚了（这里绝经的年纪也比较小，女性一般在40岁到45岁之间就不来月经了）。所以，总是看到十六七岁的小姑娘初次怀孕，而30岁左右时基本上已经是几个孩子的母亲了，而到了40多岁就能当上祖母、外祖母啦。

当然，偶尔我们也能见到怀孕很多次，但是仍然没有孩子的妈妈，这些妈妈往往都特别急切地想要知道宝宝的情况。如果你问她们，得到的答案往往是“我不重要，孩子最重要，我死没关系，宝宝活下来就好”。可是真实的情况不是这样的。在这里，如果妈妈死亡，实际上就意味着她所有的孩子几乎都不可能活到成年。

如果一直没有自己的孩子，女性往往会极为担忧，因为她们的丈夫可能会开始寻找更加年轻、能生育的妻子，甚至要求离婚。而在大众的观念里，不能生育绝对是女方的错误，妻子们要么隐忍下来，接受一夫多妻的事实。要么以离婚告终。

所以每次做手术，当地护士都会恳求我们，如果有一线希望能够保住病人的子宫，就请尝试保留。虽然明知道以后这个病人再也不能怀孕了，但是妈妈们知道自己还有子宫，心里就会存有一丝希望，能够坚持在这个艰难的世界上努力生活下去。

三胞胎

病房里来了个新妈妈，小小的身子，挺着大大的肚子，每个见到她的人都会惊异地问："里面有几个啊？"

新妈妈也不知道，所以才会来我们这里，想知道到底有几个宝宝藏在自己的肚皮里。

我们给她做了超声，看到里面居然有三个宝宝，而且每个宝宝的体重都还不小，几乎都超过了两千克。

因为胎位不正的关系，新妈妈做了剖宫产，是三个健康的男宝宝，病房里的每个人都特别高兴。医院里其他地方的人听说了，也纷纷跑来参观。

可新妈妈和新爸爸却愁眉不展，每天都没有笑容。

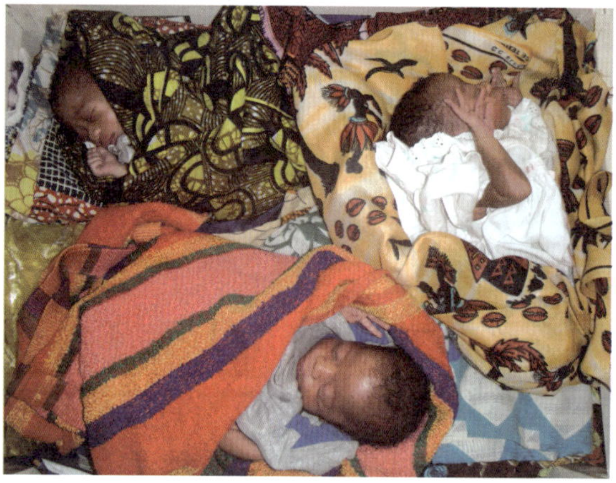

三胞胎

三胞胎嘞，还是三个足月健康的宝宝，在这个每个母亲都想要多多的小孩子的国度里，多难得啊。他们究竟为什么不高兴呢?

交流之后才知道，新爸爸和新妈妈两个人都没有稳定的工作，而新妈妈没有足够的母乳，三个男宝宝吃得又多，他们在为如何顺利地把三个男孩子抚养大发愁呢。新妈妈告诉我们，如果只靠母乳，估计只有一个或两个宝宝能最后活下来，出生体重最小、最脆弱的那个一定会夭折。

在塞拉利昂，奶粉很贵，这里的人也没有用奶粉抚育婴儿的传统，有些人甚至连怎么冲配奶粉都不知道。而且，这里的人没有把水煮沸后才饮用的习惯。

我们和儿科营养病房的医生、医院的项目统筹商量来商量去，把整个情况又汇报给塞拉利昂的医疗统筹，最后为宝宝争取到了6个月的免费奶粉供应。就是说，我们会提供奶粉，指导妈妈如何冲配奶粉，并且派人追踪母亲和宝宝的情况，直到宝宝能吃辅食为止。

一番解释之后，新妈妈终于绽放出笑脸，她的宝宝终于有机会健康地成长了。

每次见到我们查房，新妈妈都会主动地跟我们打招呼，并对我们说“谢谢你们”，还会积极地向其他双胞胎的准妈妈介绍育儿经验。要知道，三胞胎之外，我们的病房里还住着6个双胞胎新妈妈和她们的宝宝。每天查房的时候，都是欢声笑语不断……

医生的大忌

又是值班，急诊来了个产后出血的病人，赶往医院的夜班护士叫上了我。我到医院一看病人，心说不妙，从我到这里两周半以来，还没出现过孕产妇死亡呢，估计要在我的班上赶上了。

病人在家生产，产后出血不止，到达医院的时候，血流满地，血压极低，处于休克状态，还合并有疟疾感染。最可怕的是，血已经不会凝结了。

知道这意味着什么吗？

有可能在用尽一切止血的办法之后，我们不得不眼睁睁地看着病人死去。

当病人出现了弥散性血管内凝血（DIC）[1]，又没有促凝药物，我们甚

1 一种凝血功能障碍，不是独立的疾病，而是在许多疾病的进展过程中产生的。

至连手术都不能进行。因为当打开病人的腹腔，血液不能凝结时，病人会更快地死在手术台上——这简直就是医生的大忌。

我清除了病人宫腔里的残留物，大量输液，纠正休克，给了所有我们能够提供的止血药物，把子宫填满纱布，可是，血还是止不住。现在，剩下的唯一办法就是提供充足的新鲜血液。

我把家属找来谈话，那个个子小小的男生举着还贴着纱布的胳膊说：“我已经献过了，怎么，还不够吗？”

“是的，不够，能救命的就是血，而且越多越好，如果没有血，病人随时有可能死去，有了血，我们还能有一线希望……”

病人的姐姐们在一旁哭泣，但她们不愿意献血。

男生问：“我能再去献吗？”

“不能，再献，你会受不了的。”

男生说：“那怎么办，看着我妈妈死去吗？”我一直以为男孩是病人的兄弟，结果是儿子……病人才33岁，儿子都十七八岁了。

这时，一股无力感迎面袭来。难道就只能这样眼睁睁地看着生命逝去吗？她还那么年轻。夜班护士看到我沮丧的样子，过来安慰我。我对她点点头，交代好后续的护理和药物应用，继续处理其他的病人。

第二天中午，值完夜班的我到达医院，惊喜地发现，病人还活着，问了同事，他说：“后来，流血自己停止了，后来血压上来了，后来她的一个朋友同意献血救她。”

我站在床前，看着前一天濒临死亡的病人打着呼噜睡得正香，心里感慨万千。这里的人们，生命力真的非常顽强，有些时候，就连医生都已经绝望，但病人自己挺了过来。

关于疟疾，如果在怀孕的最后阶段患有疟疾的话，往往会出现严重的贫血，母婴的死亡率是非常高的，这也是病人出现休克的原因之一。

塞拉利昂是世界上疟疾感染率最高的地区之一，无国界医生在塞拉利昂同时开展提供免费药物治疗疟疾的项目，希望有越来越多的人受益。

疟疾疟疾

我们这里总会收一些从遥远地方来的病人。通常情况下，这些病人在家里待几天，路上再走几天，到达医院的时候可能不仅仅是过晚，而是非常晚了。最近的一例就是这样。

17岁的小妈妈，头盆不称，她的骨盆小，宝宝脑袋大，自己生不了。

羊水早就破了，不记得哪一天破的了，发热，患有疟疾，贫血。我用超声一看，发现小心脏还扑通扑通地跳，就是有点儿慢——赶紧开台手术。

切开子宫，一股腥臭迎面而来，隔着口罩都能闻到那股浓烈的味道，我也算是耐受性强的人了，以前闻见癌症病人肚子里的味道都没觉得有什么，可也许是半夜的原因，这次居然一阵阵想呕吐。羊水剩得不多，很黏稠，我心说：就这宫内状况，估计宝宝够呛……拉出来一看，果真软软的，一动不动，也不哭，赶紧给台下的护士送去抢救，自己接着干活。

20分钟之后，手术结束，出来问“宝宝呢”，儿科病房来的医疗助理（Community Health Officer，介于医生和护士之间的一个职位）摊开手说：“对不起，她来得太晚了，宝宝感染很严重，没希望了。”

第二天来看小妈妈，她已经不发热了（我们给上了疟疾治疗），就是贫血，而且很严重。可是做手术根本没有出那么多的血呀，但眼看着血色素掉了将近一半——疟疾呀疟疾，有疟疾的妊娠晚期病人，不仅容易出血，还很难止血，身体状态又差，出点儿血就要休克，唉。

疟疾加梗阻性难产加宫内感染加产程延长，是这里最常见的新生儿死亡原因之一。

面对死亡

下午在病房，急救车呜呜叫着，闪着灯就开到病房门口了。一车人七手八脚地抬进一位病人来，丈夫陪在旁边急得满头是汗。我还在寻思呢，这回又是什么状况，看见产妇，一掀盖在她身上的衣服，就明白了。

只有宝宝的头在外面，其他的部分都在肚子里——肩难产。

通俗地讲，肩难产就是宝宝的头出来了，肩出不来，是一种很棘手的产科急诊。一般而言，在我国，产前检查做超声的时候会评估宝宝的体重，如果宝宝确实很大，一般医生会建议进行选择性剖宫产，尽量避免此类情况的发生。

在塞拉利昂，大多数情况下，人们先是在家里尝试分娩，生不下来时才送往诊所，如果诊所也解决不了，才会送到医院来。

据急救车司机说，从诊所出来的时候准妈妈在当地诊所生产遇到困难被送来我们这里，宝宝还是活着的。我们赶紧“全副武装”，找两个身强力壮的助产士大妈站在病人两边，一个负责按压腹部，一个负责保证大腿保持过伸状态，护士长和我，戴上手套开始尝试帮助宝宝生下来。

我的手能顺着骶骨伸到阴道里，找到肩膀，找到腋窝，然后奋力把胳膊娩出来。中间休息若干次，呼哧带喘地娩出后肩，旋转，再找到前肩……

然而，不幸的是，宝宝已经没有呼吸和心跳了……

看到新生命的诞生，总是令人欢欣鼓舞，但我们的工作，并不总是欢乐的。早上查房的时候，看到失去宝宝的妈妈，她的左右两边都是忙着喂奶的妈妈，只有她，一个人，孤零零地躺在床上。

病人扎堆来

每次值班，接触的主要病种都不大一样。前些天是各式各样的产前产后出血，这次是接踵而来的奇怪先露。

正常情况下，宝宝在子宫内的姿势是大头朝下，我们称之为头先露。还有一种比较常见的情况是宝宝的屁屁朝下，也就是臀先露。额先露、手先露、肩先露、面先露和复合先露都是比较少见的情况，可偏偏这几天值班，一次性都让我给碰上了。

连续值了两个24小时外加两个夜班，估计几天加一起也没睡够10小时，做了得有8台剖宫产。反正病人总是成双成对地来，我都见怪不怪了，

有个疑似手先露的准妈妈后半夜被送来。我做了超声，阴道检查，发现实际上是足先露，于是决定给上催产素促进子宫收缩和产程进展。早上助产士大妈急赤白脸地跟我说："不对，不是单纯的足先露，是复合先

露，手和脚一起下来了，根本不能自己生。”我过去一查，的确，是手和脚一起的，宫口差不多开全了。

这个准妈妈是第八次怀孕了，其实不想给她做剖宫产的，于是尝试内倒转，把两只脚都够了下来，抓在手里。可是这位不肯用力，我拔了几次“萝卜”，发现实在太困难，决定急诊剖宫产。

打开宫腔一看，好嘛，就这么一会儿工夫，胎儿在宫腔里又转了一圈，变成了头先露，按正常方法取头，极其困难，我的手感告诉我：有问题！

好不容易取出来一看，确实有问题，估计是先天脑积水，宝宝的头很大，前后径远远超过了左右径，身子却是小小的，根本不成比例。准妈妈又是多次生产，子宫内的空间很大，宝宝随着宫缩在子宫内转啊转的，因为头太大，不能成功衔接，屁股又太小，于是手和脚一起下来，旁边是脑袋。

我说呢，幸亏没使劲“拔萝卜”，不然后半截出来了，前半截因为太大，得被卡住。

之前已经做了个横位的剖宫产。这里的胎儿往往不会太大，而妈妈们往往都是怀过很多次孕，也许这就是当地多发胎位异常的主要原因吧。

后半夜里，来了个产前出血的病人，助产士破天荒地连续给我打了两次电话“我们需要你啊……”

“产前出血？血色素多少？”

“3.8克，快来，还在出呢，好多血……”

“有血给病人输吗？”（心说，可别又是个Rh阴性，没血开台，病人必然要死在台上。）

“有，一个单位，快来。”

我到了，血也到了。这次同事们一改平日里不慌不忙干活的态度，麻利得很，三下五除二地就把病人送到手术室里，麻醉护士迅速地给了药，就连平时有点儿像在梦游的器械护士都格外配合。打开宫腔，娩出胎儿，取出胎盘，子宫内都是积血块，我足足取了三回才完全干净，诊断：胎盘早剥。

17分钟，手术结束。病人的子宫很给面子，收缩得特好。

我也很高兴，因为已经凌晨5点了，按正常情况，到早上8点前，不会有新病人来了，我还能睡会儿觉，下午去医院。

已经摸索出值班被叫的规律了，第一次，是在9点至10点之间，午夜之前能回宿舍歇会儿；然后在后半夜睡得最香的时候，一般在2点至3点，第二次被叫。每个夜班都要被叫两三次，基本上属于睡不成踏实觉那种状态。如果是24小时，必然要在白天做至少两个剖宫产，晚上情况同前。有没有夜里不叫的时候？有，就一次。

这些只能归结为自己命不好，因为我们南非医生值班的时候，4个晚上都没被骚扰。

分析一下：因为白天尤其是下午太热，这里能选择的交通工具也有限，于是人们便等天凉快了才来医院。

吓唬也管用

话说这两周，只有我一个人在病房，四处乱窜的同时还要做手术，感觉压力很大。

于是，听到麻醉护士四处跟同事们告诫："医生最近很累，只有她一个人在病房，不要惹她生气，不然的话，你会死得很难看。万一她也病了，那就是我们集体死得很难看了。"

估计我成天呱嗒个脸，鲜有笑容且疲惫不堪的样子，每个人都看在眼里，大家干活的确比以前麻利了很多。

其实，这几天还算好，不是太辛苦，只有一天从早上8点一直干到午夜。

晚上将近12点，我坐在灯火通明的休息室里，来做晚间巡视的儿科医生看见我，一脸关切："你是一直在这里没走，还是回去休息过了才来的？”

“一直没走……”

“吃饭了没有？”

“没，不过已经不饿了……”

“那怎么行，你等着啊……”他跑出去，拎着一瓶可口可乐回来了，说，“喝点儿饮料吧，糖分能让你振作起来……”

我满心感激，喝完挺着充满气体鼓囊囊但空空无食的小肚子回到病房继续干活，还有一台剖宫产等着呢……

就是在这一天，我遇到了一个病人，臀位，单足先露，我用手划拉了一把，说：“宫口开全了，能生。”就准备跑去继续做手术。

产房的护士长拦住我说：“她处于这种状态已经很长时间了，你再仔细查一下，她到底能不能自己生。”

于是，我换了产科专用的长手套，准备把另一只脚从子宫里捞出来，做臀牵引。可是，我找了半天，只有宝宝的屁屁和一只脚在外面，怎么也找不到另一只脚。然后，我就看见自己的手套上，满是暗红色的血……

当时我就急了，产房的护士长看到我的神色和手套上的血，告诉我：“自打病人到达医院，就没见她有阴道出血……”那是因为胎儿的屁屁和脚卡在那儿呢，血都在盆腔里。

子宫破裂，紧急手术，准备至少两个单位血!!!

于是，换人（本来打算剖另一个的），开台。隔着半透明的腹膜，就能看到血块和宝宝的肢体，打开盆腔看，是从子宫右后方破裂的。宝宝的头和另一只脚都在妈妈的肚子里，难怪——难怪我怎么找也找不到。

但是，出血真的没有太多，也许正因为如此，病人才没有出现子宫破裂的典型症状吧。当然，破口在右后方也是症状隐袭的原因之一。

娩出胎儿，修补子宫，45分钟手术结束。

回头就听见两个好消息，那个前次剖宫产史的病人，自己生了；那个第二胎曾胎死宫内的处于难产状态的双胞胎妈妈，在麻醉护士跟她说“医生现在很累很疲倦，还要给你做剖宫产……剖宫产很疼的哦……”之后，自己挣扎着把娃生了下来。

麻醉护士笑着跟我说：“有的时候，吓唬吓唬她们是很有用的，不然的话，她们甚至能在生产过程中直接睡着了……”

不管怎么说，我终于看到了一丝曙光——就剩一个产前出血怀疑胎盘早剥的了，做完就能回宿舍睡觉了……

那天，我做了一台子宫次全切除，4台剖宫产，用光了我们病房里所有消好毒的手术器械和全病房所有的消毒液。麻醉护士说：“如果你还要，我们去别的病房借去……”

“不要了，结束了，我要回家睡觉。”

极其罕见的病例

早上来了一位准妈妈，主要“抱怨”说觉得自己的宝宝在肚子里的位置不大对头，而且也不爱动了。

我们做超声一看，嗯，确实，胎死宫内，诊断成立。

不过——在宝宝头边上有个奇怪的东西。开始，我们还以为是子宫肌瘤，用手指在阴道里做指引，发现原来那硬硬的东西是子宫!!!

天哪，难不成是腹腔内妊娠，还是足月的，这可是极其罕见的病例，我也就是在若干年前一本杂志上看过类似的报道，从来没有亲眼见过真实病例。另一位医生说，她5年前在南非遇到过一例，不过也是早期妊娠，没有到足月这么大的。而且，我们也不能百分之百确定是腹腔妊娠，但有问题是一定的，于是赶紧备血，准备开腹探查。

两个医生上了台，打开肚子看到的情景，让我们毕生难忘。

左侧宫角妊娠，大部分的胎儿都被撑大了的宫角组织包裹着，仅有一小部分是半透明的胎膜，可以通过胎膜看到胎儿的肢体。取出胎儿，发现胎盘牢牢地附着于结肠的肠系膜血管上，无法剥离，我们只好留下胎盘，止血，等待其自行吸收，然后给病人做了输卵管绝育。这种情况下，是绝不能再次怀孕了。

下了台就开始讨论，异位妊娠很难挨到足月，因为所在的组织脆弱。绝大多数情况下，异位妊娠会在妊娠的早期出现流产或者破裂，而能挨到足月的少之又少。这个病人，估计是宫角妊娠破裂，幸运的是没有持续出血，胎盘自己寻找到能够供应充足血液和营养的血管便牢牢扎下根来。宫角部的组织也足够坚韧，能够持续膨大到包裹胎儿的程度。

其他医生听说了这个病例，纷纷追问为什么病人没有任何疼痛出血的症状，为什么胎儿还能持续生长到足月？

可惜，我们也不知道。这是个太特殊的病例，特殊到无法用常识来解释。

幸运的是，病人自己觉得不大正常，到医院寻求帮助；幸运的是，病人是在白天到达的，我们有两位医生可以互相帮助，讨论如何处理；幸运的是，整个手术过程中，没有出现大量失血的情况。

总之，这个病人非常幸运。因为她做了手术，活下来了。如果她没有到医院来，那么谁也不会知道她是个异位妊娠的病例，她会在家里等待分娩，但永远也等不来她的宝宝，等来的只可能是剧烈的腹痛，出血，然后不明不白地死去。

话说我上医学院之后一直愤愤不平，因为自己想做个外科医生，结果成了妇产科医生；自己想去发生战争或者自然灾害之地，参与紧急救援，结果只能做做常规手术。然而自从我参与了无国界医生，才赫然发现，原来紧急救援里，妇产科也是不可或缺的一个部分。因为在项目里，几乎每天都会遇到新挑战、新病例，需要面对病人，思考，找到解决的办法。

少见的异位妊娠之后，是个子宫破裂的病人。我们做了剖宫产和子宫的修补。

晚上则是异位妊娠后第一个正常怀孕的病人，听起来不算困难，可是病人的上次手术留下了巨大的疤痕，同时伴有腹壁疝。病人又很胖，高血压，水肿，自己移动自己都很困难，保守估计得有240斤重。幸好腹部没有太多粘连，幸好胎儿也不大，幸好有个腹壁疝，不然的话，我们就得在一个深深的洞里开始寻找子宫的“探险”。

手术完，我跟这位准妈妈说：“亲爱的，下次怀孕前一定要减肥成功哦。”

急诊室里的绝望和希望

最近走背运，遇到的都是极其紧急的危重病人。很多病人来的时候就状态很差，让你上个手术心里都不踏实，时不时要瞅一眼病人是不是还活着。

下了手术查完房，刚想开溜，新急诊又来了，这次是胎盘早剥。病人都怀孕10次了，我心里犯嘀咕，可别剖完了子宫不收缩，那可又得加一台子宫切除手术。结果，不出我所料，娩出胎儿，清理积累在宫腔内的大量血块之后，子宫仍然像个大麻袋一样软软的，只好继续在手术室里奋斗。

离开医院已经下午4点了。回到宿舍，发现姑娘们给我留了好吃的中午饭，我自己又做了点儿面条，草草吃完，又被急召到医院。这次更背，是产后出血的病人，送来的时候已经休克外加昏迷，护士还没开放静脉呢，病人就已经去世了。从病人到达到死亡，5分钟不到。可是从病人生完孩子开始出血到她最终到达医院，却用了10多个小时。因为她的家人并不懂得，这样出血是不正常的，是会死人的。由此可见，有关怀孕及分娩期间的健康教育，是多么的重要。

之后又来了三个濒临死亡的病人。

其中一个是产后出血，因为家人恐惧献血，拒绝给病人输血，病人因失血性休克而去世。

另一个还是子宫破裂，做了次全子宫切除。这个更过分，后来家属答应要献血给病人，可等病人从手术室活着出来了，立刻就反悔不献了，因为他们觉得病人已经没事了。可是对于大量失血的病人而言，血液实际上就意味着生命的延续。我很生气，追着病人家属说个不停，也不管他们听得懂听不懂。最后，病人的妈妈一转身就离开了。我更生气了，心想：好嘛，连医生说话都不听了。正要发作呢，旁边负责翻译的护士却乐了，跟我说："当妈妈的被你这个外国人说得都不好意思了，自己跑去献血了。"行，看来全世界都通用这条规则——外来的和尚好念经。

最后一个是胎盘早剥，手术很顺利，术后弥漫性血管内凝血。我们抢救了一整天。同事看了看病人手术后的状态对我说："她很强壮，生命力顽强，会活下来的。"我奇怪地问："为什么啊？你怎么那么确定？"因为更多病人，还没等送到医院，就已经在路上或家里死了，能坚持到这里，做了手术之后还活着的，都是生命力顽强得不得了的……

产房故事多

故事1

这天下午来的病人有些搞笑，因为她说她已经9个月没来月经了，肚子也很大，据说已经临产一天了还没生，于是被送到我们这里做进一步的处理。我用超声看了看，居然看到有两个小心脏在扑扑地跳动，没错，是双胞胎，而且才孕28周左右大。关键是，从她到达医院到我给她进行检查的整个过程，压根就没有一次宫缩！于是，紧张的术前准备变成了欢乐的家庭聚会，每个人都跑过来恭喜她怀了双胞胎……

你问我为什么她会觉得自己怀孕9个月了？因为她最小的孩子是2岁7个月，9个月前，她还在喂奶，月经不准，根本就不知道自己是什么时候怀孕的。

故事2

这次的病例也属于在国内少见的类型。其实助产士本来没有叫我过来，我做完手术，从手术室里出来，看完一个胎儿臀位要做剖宫产的病人，蹿过来看看这位什么情况。胎膜早破三天，临产一天，胎死宫内，做阴道检查，开6指了，头不是太高，可是有个小产瘤。临时改主意，剖这个。

你问我为什么先这个后那个，有的时候能说出理由来，比如，产前出血一定要优先，怀疑子宫破裂的也要优先，其他稳定的都可以等等。可这次纯粹是直觉。

助产士大妈有点儿不太高兴。我很理解，因为已经胎死宫内了，能自己生当然最好，其实可以再等等，看看产程进展的。但是，我很坚持，必须先剖这个。

事实证明，剖对了。

子宫很大，下段全都水肿了，组织糟脆，膀胱充血，宫内严重感染，又是那种我闻了要吐的难受味道，幸好这次是在白天。缝第二针，帮忙拉线的器械护士稍微使了点儿劲，肌肉就被豁开了，只能重新再缝。看子宫的情况，估计要是再等个两小时，不是已经破裂了，就是要被迫做子宫切除了。

胎儿？各位就不要想象了，死了得至少两天了……

故事3

又是一个胎死宫内的病人，我做完剖宫产过去看，后半截在外面。助产士摊摊手："我们试过了，娩不出胎儿来，胳膊的位置太高，胎儿大，充满阴道，摸不到肩……”

“你可以试试，你的手又薄，胳膊又细又长……”

我郁闷，来非洲之后，最常听见助产士跟我说这个，凡是她们够不着的胳膊啊，腿啊，全让我去够，美其名曰，减少剖宫产率。

“行，我试试。”

的确，连我这小薄手进阴道都困难。于是，特意挑了个胳膊最粗、体重最大的助产士大妈帮忙，她负责往外拔“萝卜”，我负责够胎肩，娩手。一次成功。

产科就是干体力活儿的，累得我浑身都是汗，跟病人开玩笑说：“不是你生孩子，是我们生呢……”然后一帮人在那里乐啊。

大妈说：“你看，还是你行。”

我说：“别急啊，过三个月我就跟你一样孔武有力了，产科嘛，胳膊不粗壮怎么行。”

生完娃，还得帮着娩出胎盘，估计是因为宫内感染，宫缩不太好，胎盘自己娩不出来。我说：“等等吧，等20分钟，不行再说。”

这帮人倍儿高兴，说：“正好，医生，我们加个餐啊……”呼啦，都跑了。

我这郁闷，大半夜的，吃啥啊——其实，我也饿了……

过了20分钟，大家抹抹嘴，心满意足地回来了。

我一看，病人呢？ 病人蹲在地上，地上有个桶，正便便呢。心里不禁感慨，总觉得自己体力超级好，生完娃也累得东倒西歪的，这位啥事没有，从接生台上蹿上跳下的。旁边助产士看到我惊讶的目光，说："这算什么，我们这里的人，生完娃立刻去做饭也啥事没有啊。"

干完活儿，收拾收拾回家，刚打开病房门，看见我们器械护士在外面做奇怪的动作，问："你干吗呢？大半夜的，别吓人好不好……"

器械护士说："我跳舞呢。"

然后，接着在那扭……

我倒，我可不行，累死了，回家睡觉去。

大喜过望

快下班了，换好衣服，背好书包准备撤退，结果在下班时间刚好过一分钟的时候，助产士跑来递给我一张小薄纸片，上面潦草地写了很多字。我瞟了一眼，二话没说就冲到产房里。

为什么？因为纸上赫然写着“脐带脱垂”。

产科急诊里，脐带脱垂是比较少见但是需要紧急处理的情况。对于妈妈而言，脐带脱垂不会造成什么太大的危害，而对于在子宫内的宝宝而言，则存在致命的风险。脱垂的意思就是脐带在宝宝头的前方，有时胎膜已破，脐带直接脱落到阴道里。一旦子宫收缩，胎头下降压迫脐带，阻断血运，宝宝在短时间内就会死亡，所以一旦发现，刻不容缓，需要立即处理。

阴道检查，宫口开全，胎头高浮，脐带上的血管还在缓慢地搏动，估摸着胎心是30次/分左右（正常胎心是120次/分~160次/分）。也就是说宝宝还活着，我回头扯着嗓子就开喊：“准备剖——宫——产!!!”

所有班上的护士瞬间就都冲过来了，一个开放静脉，一个进行腹部术前准备，一个插尿管，一个推车，估计也就用了10分钟不到，把病人直接推到手术室里。麻醉，消毒，消毒前快速听了下胎心，居然回升至正常水平了，大受鼓舞。

手术，胎儿娩出，小男宝宝，软软的不哭，听心跳，极慢。清理呼吸道，心肺复苏，30秒之后，再听，咕咚咕咚的小心跳啊，有力而迅速。继续复苏，宝宝皮肤的颜色从苍白变成粉红（其实，确切地说是从暗黑色变成红黑色），咳嗽了两声，开始小声抽泣了。大喜过望，继续刺激宝宝的小脚丫、后背，5分钟之后，想让他停下来不哭都不可能啦。

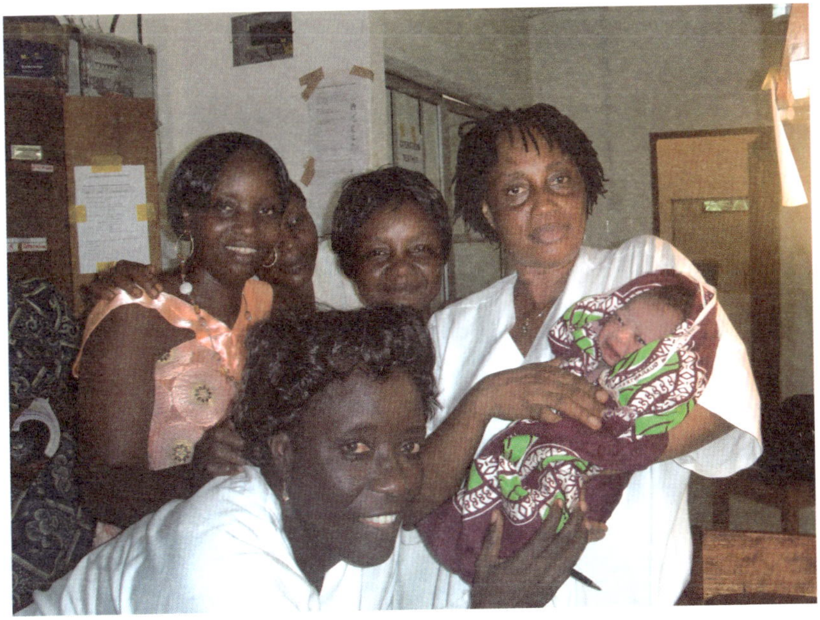

欢乐的助产士们和新生儿

其实做医生的，最大的满足感就来自于此，看到在自己的努力下，新生命诞生，濒临死亡的病人脱离险境，一个又一个痊愈康复的病人出院，人们从进来时的愁眉不展到离开时的欢天喜地。工作无论多辛苦多累，总会觉得，自己的付出是值得的。

永远记得刚进医学院时，紧握着手，跟着学长，一句一句重复着誓言的那一天，心中对这份职业的向往和尊重。

永远记得，第一次接生时，亲眼看见小宝宝从诞生到啼哭，母亲从忍受产痛到满心喜悦，体会到生命的不可思议，心中的那份感动和感慨。

永远记得，见过的一张张病人的脸，喜悦的，悲伤的，痛苦的，失望的，都清清楚楚地烙印在大脑深处海马沟回的神经元细胞里。

每一个医生，无论来自哪里，无论年老或年轻，肩上都承载着相同的责任——健康所系，性命相托，莫不敢忘！

生命的力量

值班，半夜，助产士大呼小叫地来找我，因为不久前又来了一例腹腔妊娠病人，大家看见奇怪病例都变得很警惕。

病人的情况很平稳，没有内出血的征象，安静地躺在床上，远远望去，我就看到一座小山头——又是个巨大的切口疝，据说这是前次剖宫产感染造成的。上手一摸，隔着薄薄的一层皮肤（真的是就一层，估计连皮下脂肪都没有，也就0.3厘米厚——我这还是往厚了说的），摸到了宝宝硬硬的头。

助产士问完病史，觉得像是子宫破裂，胎儿游离在外，因为患者说先是一阵剧痛，然后就感觉不到疼痛了，不过宫缩还是有的。我开始被说服了，但是瞧病人这么平静又觉得不对劲儿，要是子宫破裂内出血早就躁动上了呀?!

于是，推来高级超声机器，做超声一看，宝宝是游离在子宫外面的，胎盘也是游离在外的，子宫里空空荡荡，什么也没有，也没有内出血。

于是，我又犹豫了，难道是——腹腔妊娠?!

以前，我是决不会想到这个诊断的，可是4个月里见了两例，搞得我也有点儿疑神疑鬼的。无论怎么样，台还是要开的，这就是外/妇产科医生的一大优势，只要有适应证，虽说诊断不算明确吧，仍然要开台，因为很多情况下，只有打开肚子才知道里面究竟怎么回事，隔着肚皮任你再神通广大，也还是猜不出来。

开台，再次震惊，切开皮肤就进腹腔了，看见薄薄的胎膜裹着宝宝的脸，宝宝的头就嵌在切口疝里，姿势很诡异，就像是直接坐在妈妈的肚子里。羊水已经是黄色的，混浊的，说明宝宝失去生命迹象已经有一段时间了。肚子里果真没有血，打开胎膜，吸净羊水，把宝宝拿出来，胎盘也跟着出来——这时觉出不对了，腹腔妊娠，胎盘往往牢牢地附着在大网膜或者肠系膜上，不会那么轻易地就取出来。手下去摸到子宫，就知道确切诊断了。子宫侧面一个大裂口，只是子宫破裂而已，不是腹腔妊娠。子宫收缩得非常好，可最令我感到奇怪的是，没有血，一点儿出血也没有，非常不典型的子宫破裂……

在非洲，我们经常惊诧于身体的适应能力和人类挣扎求生的旺盛生命力。比如，如果按照教科书上的说法，子宫破裂是会大出血的，病人很快会休克、昏迷，可是送来的病人有的时候确实不怎么出血；比如，要是严重的盆腔感染，输卵管、卵巢、子宫、大网膜、膀胱会粘连在一起，一塌糊涂，按照正常医生的思路，是绝不可能再次怀孕的了，就是再怀孕也是宫外孕，可是在这里这样粘连还正常怀孕到足月的病例我已经见怪不怪了，只是感慨于受精卵实在太过“聪明”，知道自己正常的家在哪里，通过层层阻碍，还是能够顺利到达目的地。

当然，另一种解释说法是，在医院里，我们只看到送来的还活着的子宫破裂病人，出血严重的病人在家里就已经不行了。同样，我们只看到粘连严重的正常怀孕的病人，而那些因为粘连而不孕或者出现宫外孕的病人，她们只会归结为命运的安排，而不会想到去寻求帮助。更何况，在无法进行激素水平检查，没有条件进行内窥镜检查的情况下，想要明确不孕的原因是件非常困难的事情。

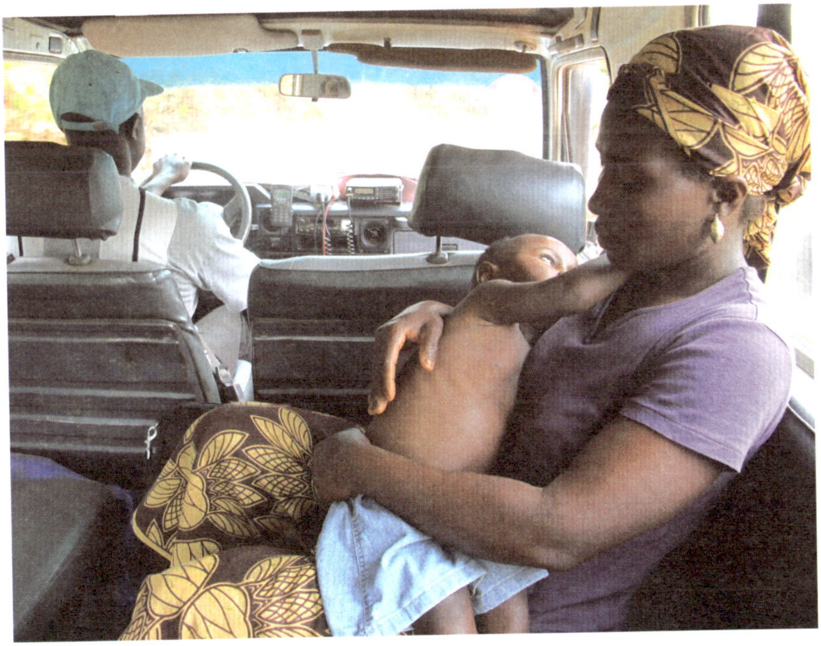

需要外科治疗的儿童和他的妈妈被救护车转运到弗里敦去（摄影：Gloria Leung）

血！血！血！

在非洲，稀缺血型是O型，无论Rh（+），还是Rh（－），都极为少见。赶上病人出血，血库没有血，那简直就是噩梦一般的情景。

是的，噩梦。

又是胎盘早剥的病人，血色素5.6克，孕3（次），产2（次），没有宝宝存活，身体情况暂时很稳定。血型O（+），血库没血。

病人的母亲年纪太大，没法献血，丈夫血型不合。亲戚们正在路上，不过来医院路上要花至少4小时。

没血，开台还是不开？ 开台，病人有可能因为出血死在台上；不开，还是死。

我就像热锅上的蚂蚁，在手术室、病房、化验室和血库之间四处乱窜，联系政府医院，也没血；徒劳无望地追着医院院子里的男家属，去查查血型吧，有个急诊需要血啊……可是没有适合的血型。

怎么办?

我抓住医疗督导，把这个烫手山芋扔给了她。

我们的医疗督导，挪威姑娘，30岁，个子小小，身材瘦瘦，听我说完就急了，有手术室，有手术器械，有麻醉师，有医生，有器械护士，该有的都有，却因为没有血，什么也做不了?!

挪威姑娘说："看我的，总有办法！"跳上急救车，走了。

20分钟之后，急救车拉着8个年轻力壮的精壮汉子直接开到了血库门口。挪威姑娘跳下车，说："这是我们能做到的极限了，希望其中能有人血型符合。剩下的，就靠你了。"

结果，我得到了一个单位新鲜血，开台手术。由于病人子宫长时间的过度充盈（大量积血块存在宫腔里），子宫几乎完全不收缩，是一台极其困难的手术。幸好，最后子宫保住了。幸好，病人的耐受力超强。

第二天查血色素3.4克，居然生命体征极其稳定，除了脉搏稍快以外，血压居然不低，尿量也不少。

手术结束，我才有工夫打听那一个单位血是怎么来的。听司机师傅讲，事情就变得很具传奇色彩。据说挪威姑娘到了最近的镇上，跳下车，稳稳站在人来人往的马路正中央，叉着腰，用最大的声音喊："我们是无国界医生，紧急情况，有谁愿意为拯救生命尽一分力量？"

话音刚落，呼啦啦围上十几个年轻人，好奇地询问。当得知医院里有个产妇急需用血，需要有人去献血时，有几个人立刻低下头，悄悄跑掉（因为在这里，有很多人仍然认为献血有损健康）。不过还是有更多的人留下来，愿意到医院来献血。

第二天，我又跑到血库去找血，血库的技师看到我，还没等我说话，嘴里就嘟囔着：“产科病房，哼，每次见到你，都是要血……”

我兴高采烈地回答：“是啊，是啊，吸血鬼又来了……”

病人？在我写的这会儿工夫，已经能坐起来吃饭了。

长久的益处

无国界医生的工作不仅仅是帮助缺乏医疗资源的国家或者地区渡过迫在眉睫的难关，更为重要的是，在紧急救援过程中，能够给当地的医生和工作人员带来接受系统培训的机会，让他们的工作能力、知识水平得到提升。最好的结果是，在无国界医生撤离之后，整个项目能够由当地工作人员独立继续运转下去，这样才能实现良性的循环。

如果只是不断地派各式各样的国际救援人员到达，却不给予当地工作人员任何教育，那么这个项目实际上是失败的。因为在任何一个国家，流动的救援人员所带来的益处都只是暂时的，只有让当地人有能力掌控自己的命运，不依赖外界的援助，才是真正实现自立、自强。这才是我们乐于看见的。

因此，在任何一个项目，培训是非常重要的一环。

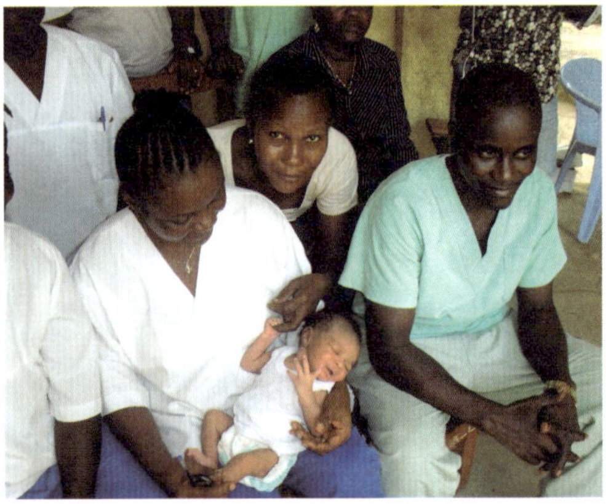

❶
❷
❸

❶ 门诊一瞥 （© Lynsey Addario / VII）
❷ 产科病房同事的小宝宝，大家都很喜欢
❸ 门诊等待室里的健康教育 （© Niklas Bergstrand / MSF）

而针对每个项目的具体情况，培训的内容和形式都是不同的。

比如，塞拉利昂是拉沙热的高发区，医院总会接诊些疑似病例，有时则是典型的确诊病例。此时，培训医院的工作人员有关拉沙热的知识：拉沙热的症状是什么样的？诊断标准是什么？如何治疗？如何在接触病人前做好自我保护，减少疫情的传播和扩大……这些都是每个在医院工作人员都要掌握的，甚至厨房员工和清洁员工也不例外，统统要参与培训。

为什么呢？因为只有详细了解一种疾病，才能消除人们心中的恐惧，减少人为造成的传播。更为重要的是，在接诊病人的过程中能够想到，病人有没有罹患这种疾病的可能。

在培训之前，很多人听到“拉沙热”这个名字，就会心生恐慌，认为得了病必死无疑，认为和病人同处一室一段时间就会被传染。而事实并不是这样。在采取简单而有效的消毒和预防措施之后（接触病人之前戴好手套，摘了手套之后认真洗手——简单吧），就能够将疾病的传染率降至最低。而且，针对沙拉热已经有成熟有效的药物可供选择，只要及时治疗，死亡率会大大降低。

培训之后，当地员工在工作的过程中明显变得沉稳、谨慎，而非因为害怕而不知所措了。这样，既保护了病人，也保护了自己。

而在我们产科病房，由于平时总是和临产的病人频繁接触，所以我们在培训时，对于如何避免通过血液和体液传播疾病尤为重视。因为传染性疾病不是只有拉沙热，还有艾滋病、肝炎、梅毒，等等。如果不能做到保护自己，又如何能做到称职地工作呢？

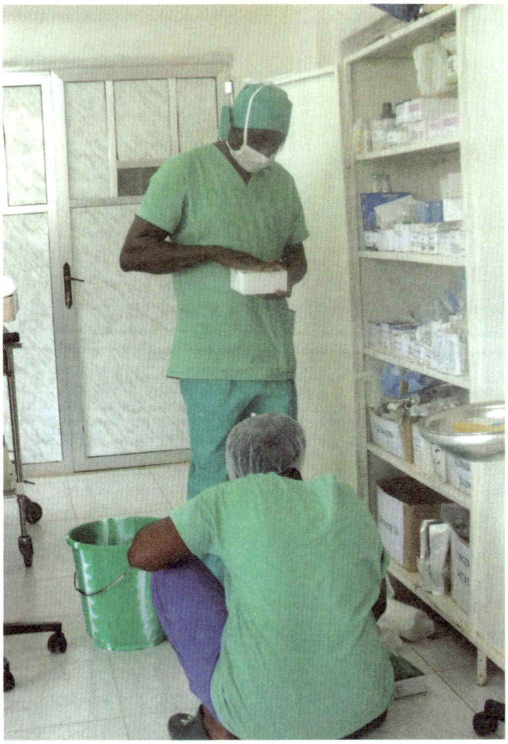

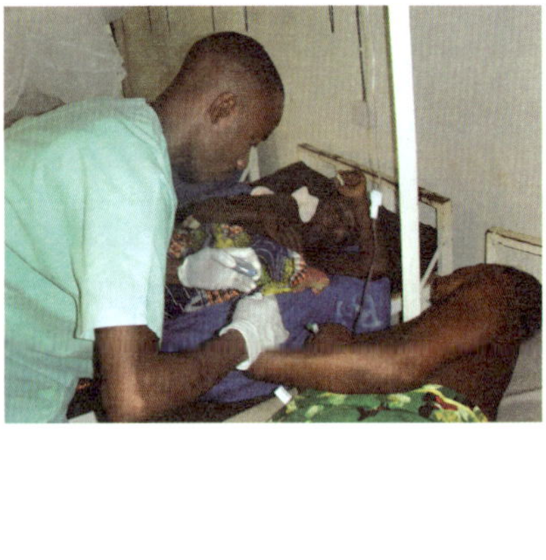

❶ 护士核对药品
❷ 护士查房中
❸ 护士在工作

每天查房的时候，我们也会利用检查每个病人的机会对护士们进行小型的实践知识交流。通过“提问–回答”这种简单的环节，能够了解每个人的知识水平，并针对不同疾病的不同症状和治疗方式，针对工作中人员的提问，进行有效的解释和说明。有些困难的问题，我们则需要及时更新和学习，才能给出满意的回答，这同时也是对自己医疗知识掌握程度的一个考察和提高。

在这里，每个人都热切地盼望着能够提高自己的业务水平，不放过任何一个获取新知识的机会，因为在教育尤其是医疗教育极度匮乏的国家，能够得到教育，就意味着得到更好更多的工作机会。这一点对于女性而言更是如此。一个女孩，如果没有机会上学，一般就意味着会在很早的时候结婚生子，没有工作，把一切希望都寄托在丈夫身上。如果遭遇不幸，她们往往只能归结于命运的不公，而不会也没有能力去改变自己的生活状态。

“知识改变命运”——这句话在哪里都是真理。

一台简单的手术，有可能改变一个人的命运。

在塞拉利昂，有很多不同的非政府组织参与援助，每个组织的侧重点都不尽相同，这样有效地节约了资源，杜绝了医疗资源的重复浪费。我们的产科病房，主要负责产科合并症、高危妊娠的治疗和救助。如果接诊了不属于救助范围内的病人该怎么办呢？这里和很多非政府组织、政府医院都有良好的合作关系，如果遇到符合条件的病人，联系后，会把他们送到负责治疗的相关机构去。比如，在这里常见的一种产科并发症是女性的生殖道瘘。

什么是生殖道瘘？生产时间过长，胎头长时间压迫生殖道，会导致局部组织的缺血坏死，进而导致尿道、膀胱或直肠和阴道相通，病人无法控制尿液和粪便从阴道内排出，进而导致持续感染、疼痛、不育。这是经济欠发达国家和地区极为常见的一种疾病。

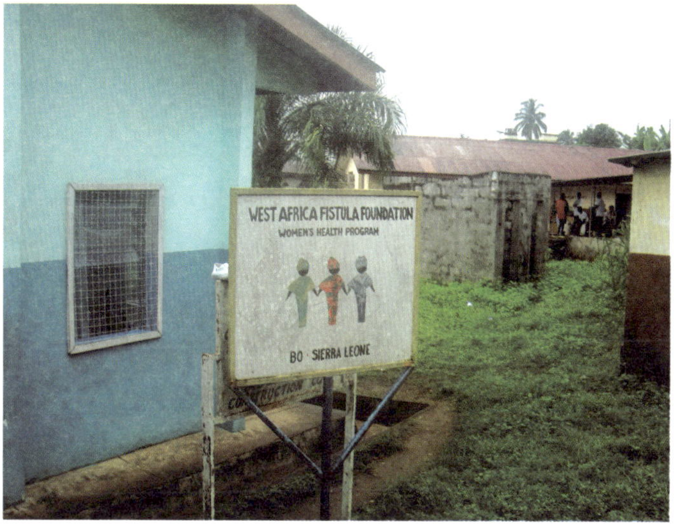

生殖道瘘项目宣传画

一天，我去探访了一个专门负责修复生殖道瘘的非政府组织。这个组织由一个勤勉的美国医生创立，他每隔三个月来塞拉利昂一段时间集中做手术。据负责流动诊所的当地工作人员说，他们的病人来自全国各地，有些甚至从几内亚和利比里亚（这两个国家和塞拉利昂接壤）远道而来。

由于手术的特殊性，在手术进行前要做好充分的准备，手术后更为如此，连食物也需要特殊准备。因此，该组织提供免费的食物、衣服、洁净的饮用水，以及针对病人的免费接送，还会定期到各个村庄里进行宣传教育，鼓励患有该病但羞于启齿的妇女接受救治。

相关知识匮乏，使这里的人们往往对患有生殖道瘘的女性采取离弃的态度。当女人生产后，痛苦不堪，忍受着难闻的味道和生活中的种种不便时，她们的丈夫或者父母却会无情地将她们抛弃，任她们自生自灭。而被抛弃的女性，则认为这种病是永远也治不好的，被抛弃是她们的命运，无法改变。

我参加的是一次痊愈病人的出院庆典。病人有老有少，她们穿着簇新的传统服饰，伴随着音乐兴高采烈地跳舞。每个人脸上都挂着幸福的微笑，因为她们知道，等待着她们的是全新的人生。

而当你和她们交谈时会发现，几乎每个人都能给你讲述一段悲哀的故事。其中有个40来岁的女性，本来是位教师，有幸福的家庭，但在生产后出现尿瘘，一切都改变了，丈夫遗弃了她，娶了新的妻子，父母兄弟也和她断绝了来往。由于无法控制排尿，气味难闻，学校也把她辞退了。整整13年，她没有工作，只能在村庄和丛林的交界地带靠乞讨、种点儿菜生活。一个偶然的机会，她了解到有医院能够提供免费的手术治疗，不惜徒步走了两天，来到医院，接受手术。

现在，经过手术，她已经是个完全健康的人，能找到工作，能有机会再次嫁人，甚至她的家庭也重新接纳了她。在讲述故事的整个过程中，她却在哭哭笑笑中不停地变换。

哭泣，是因为回忆起整整13年的悲惨生活，而微笑，则是因为重获新生。

我想这就是那个美国医生不辞辛苦，奔波募捐，不停手术的原因。因为他深深地知道，通过不懈的努力，我们真的能改变一些人的命运，让他们的人生拥有新的希望。

而无国界医生在一些国家也设有专门的修补生殖道瘘的项目，有医生定期进行手术。

在这里，手术不仅仅是治愈病人的疾病，更重要的是，从此改变一些人的命运。

门诊探访

最近比较闲，项目统筹让我去看看在转诊系统中发挥重要作用的门诊项目。因为我一直待在医院里，对于转诊制度只是道听途说，现在终于有了亲眼看看的机会。在门诊意大利助产士姐姐的陪同下，我对医院的门诊项目进行了一天的访问。

天气难得的好，暖洋洋的太阳可是好几天都没见到过了。前一周都在下雨，下得我这个皮实的老江湖都受凉拉了肚子。当天看到太阳分外高兴。

我们去的门诊以前是政府门诊，和我们医院合作不过5个月。坐车从办公室到诊所需要一个小时的时间，路很不好走，颠簸不平，一路上颠得我从肩膀到屁股都麻酥酥的，不过在回来的路上，我居然还坐在车上睡着了。

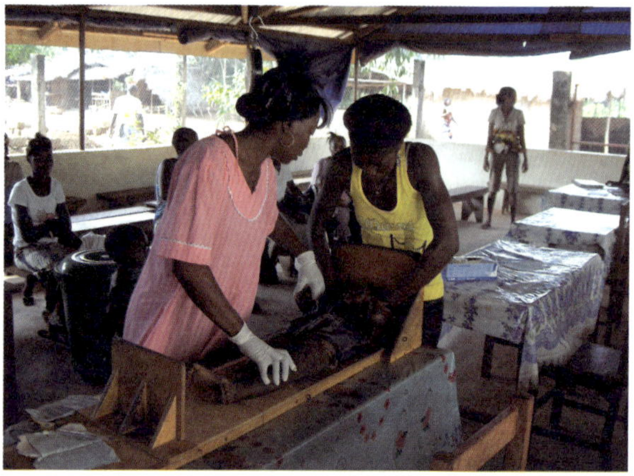

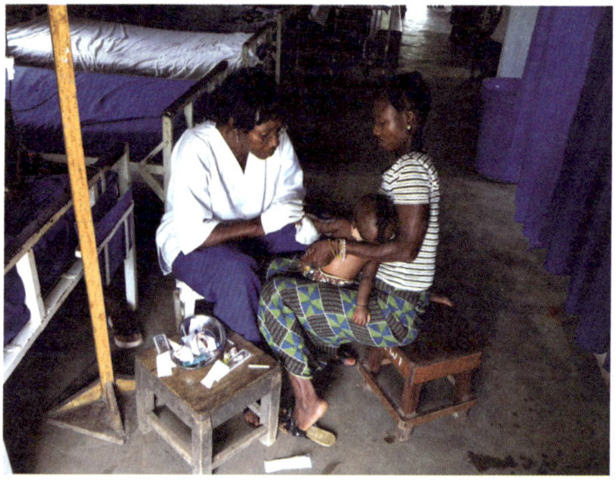

❶
❷
❸

❶ 检查儿童营养情况，量身长（图片来源：Anne Anderson）

❷ 护士在为儿童做治疗

❸ 给孩子称体重（图片来源：Anne Anderson）

这个时候总忍不住要佩服下自己，随时随地都能睡着的本事可不是所有人都能练成的。

诊所坐落在村边，离村公所不过几分钟的路程，我们还有幸见到了村长大人。村长大人对我们在该社区的工作很是嘉许，还希望能给远道而来的怀孕妇女再修个等待室。因为这个社区很大，如果怀孕的准妈妈远道而来，病情严重需要在诊所多待几天的话，目前的床位是不能满足的。双方说好，等到雨季结束，就开始动工。

上次项目后勤来诊所的时候，因为雨下得太大，积水太深，越野车陷到泥里，动弹不得，还是村民们帮忙给推出来的。后来，村里就组织人手，在土路上填了很多大小不一的石头，这样走车虽然颠簸，但不会再出现陷车事故了。

听说门诊的几个护士姐姐凑在一起颇为高兴地议论了一阵，幸亏是专管诊所建设的后勤陷在泥里，而不是天天要跑诊所的她们……

诊所很大，很整洁，分儿科、产科和预防接种科三个诊室。诊所门口放了张小桌子，每个来这里的小孩子都要先量身长、体重，然后进入候诊区。候诊区里有专门负责健康宣传的当地员工在等待期间对就诊的人进行健康教育，有时候还组织唱歌跳舞。

产科分常规门诊、产房、产后观察室三个部分。通常情况下，在门诊生产的产妇要在观察室待上24小时，没有产后出血、一切正常之后才被允许回家。

我们在这里主要负责员工培训、健康教育和基本药物的供给，以及针对5岁以下的儿童和怀孕的准妈妈进行免费医疗服务。因为塞拉利昂是疟疾的高发区，每个来到诊所的病人都要进行疟疾检测，一旦发现患有疟疾，立刻可以得到药物治疗。在常规检查的过程中，如果发现异常，需要转院，诊所有专门配备的救护车能把病人送到医院去（就是我工作的医院啦）。这次我们就随车转送了一个刚出生不久，呼吸困难，不能吮吸母乳的宝宝去医院。

门诊项目分为5岁以下儿童、怀孕妇女和防治疟疾志愿体系三个部分，由三位护士分别负责，一位后勤负责物资供给，一位项目统筹负责整体协调。虽说跟我们的医院项目相比人员少了不少，可是负责的区域可不小，而且责任重大。要知道，在人们普遍文化水平偏低，得了病总是先选择传统医疗的国度里，健康教育是多么的重要啊。

关于健康教育的重要性，这里讲个笑话。

某天在医院，一位临产快生了的准妈妈对着助产士一通拳打脚踢，采取不合作态度。据负责翻译的助产士说，这位22岁的准妈妈愤怒的原因是：从来没人告诉她，孩子是要从阴道里生出来的。她说，早知如此，一定坚决拒绝老公的同房要求。

所有人听闻此言都有点儿啼笑皆非，可是姑娘一脸无辜，她真的从来都不知道女人生孩子是怎么回事。

同屋丹麦姑娘负责儿童部分，意大利助产士负责怀孕妇女和正常接生部分，比利时护士负责防治疟疾部分。据说门诊项目的救援人员特征分明，寻找整个团队里最瘦的人就能顺利找到她们。我们总是开玩笑地说，因为至少6个月吃不上中午饭（因为每天都要去不同的门诊，所以没有午饭供应，要么自己带饭，要么就索性不吃了），门诊的人不瘦才奇怪呢。就连我们以丰满为美的丹麦姑娘，来这里4个月，也瘦了小5千克了。可是别看她们瘦，精力却旺盛得很，每周末都组织长达数小时的越野登山项目，把我们这些下了班就懒洋洋的医院员工羡慕得要死，怎么人家就有那么大的精神头儿呢。

回去的路上，意大利助产士和新来的肯尼亚助产士在颠簸的车上做交接，我又困又饿，终于在车上小睡了一阵。幸好比预计时间早了点儿回到办公室，忙里偷闲，趁着太阳没落山，趁着水还不凉，赶紧洗个热水澡，眯上一小觉，幸福啊……

非常的折磨

话说我是个皮实孩子，在家里的时候，也从来不闹病，什么感冒发热之类基本与我绝缘，容易得的毛病都是由于管不住自己的嘴引起的：吃坏了肚子、细菌性胃肠炎、消化不良之类的每年都要闹一次，多数还是在夏天（夏天热嘛，贪嘴吃凉的就容易“中招”）。自从若干月前来到了非洲，居然除了闹肚子（这是常见病，所有的同事都得过不止一次）以外，其他毛病都没有，哪怕雨季最冷的那几天，全团队的人几乎都感冒了，我仍旧穿个短袖小衬衫在外面招摇过市。

本来以为6个月的任务就这样顺利结束了，哪想到越到最后，抵抗力越差，我光荣地病倒了。当然，根据我们可爱的丹麦姑娘的理论，因为我知道任务要结束了，于是精神上就放松了，肉体上就体现在免疫力降低，开始得病。

事情是这样的，那天晚上其实不是我值班，是另一位妇产科医生值夜班。由于非常忙碌，过了下班时间我也没走了，留下来帮她。她在产房手取胎盘，我在旁边“抱大腿”（就是帮着病人摆好姿势）。看着周围的助产士和麻醉师走来走去，突然觉得有点儿晕，有点儿恶心——嗯，总之不大舒服。

旁边跟我很熟的手术室护士估计是看到我的脸色很差，于是把我扶到恢复室，给我找了瓶50%的葡萄糖。我让她继续工作，因为产房里仍旧很忙碌，而我自己则悄悄地蜷起身体，靠在床上，把小玻璃瓶里略黏稠的液体一口气喝下去。

10分钟之后，感觉似乎好了些，于是我尝试着挪动自己，挪到医院门口，挪到车上，跟司机说：“我要回家……”

生平头一次，心生恐惧；生平头一次，害怕自己晕倒、死掉，特别是死在回家的路上，那简直是我最不乐见的死法。

一路上，我竭力控制着自己近乎歇斯底里的念头：

I am going to die， I am going to die…

试图用仅存的医生的专业理智告诉自己：觉得自己要死了的人一般都死不了。我脉搏有力，血压正常，最多是由于低血糖昏迷过去，可是高渗糖都喝了，肯定这会儿血糖已经在反应性升高了，没事，没事……

但还是害怕，似乎一下子回到了童年，回到了没有人陪伴就惶惶然不知如何是好的日子。路上，给我们的团队医生刚果流行病学家打电话：“我在从医院回宿舍的路上，你要等我啊……”

到了家，一头扑在床上，我们的刚果流行病学家抱着血压计就进来了。摸摸我的脉搏，笑了，胡噜一下我的头发，说：“好啦，你不会死的，你是医生，拜托专业点儿好不好？”

于是，我开始哇哇大哭……

为什么？我不知道，只是把这些年来，这些月来积累下来的所有压力、委屈、痛苦、伤悲，统统释放出来。我哭得一把鼻涕一把泪，就差配上抑扬顿挫的和声了。

刚果流行病学家对这种情况没有任何好办法，劝吧，对着个跟自己女儿岁数差不多的家伙说什么好呢；偷偷跑掉吧，似乎也不好，明显我是需要有人陪着的；跟着一起哭吧，好像这个更难……

于是，他挠挠脑袋，决定自顾自地说下去：“最可能的诊断是低血糖，你为什么不在医院输液呢？宿舍急救药箱里可没有高渗糖啊……”

我抹了把鼻涕，愤怒地回答：“我不想死在医院里！”

“嗯，好吧，可是你死在宿舍里的概率会更大些……”

刚果流行病学家发现讨论专业问题不能转移我的注意力，决定再换一种方式来解决问题：“你可能有脱水的症状，或者出现了电解质紊乱。现在，开始喝ORS（口服补液盐）吧，1升起。”

“不！我讨厌喝那玩意儿，不喝！”

刚果流行病学家估计已经无奈了，心里估计在想：怎么医生病起来那么难缠啊！“好吧，那喝果汁总行吧？”这次他没等我回答，一溜烟儿地跑到厨房的冰箱里找果汁去了。等回来的时候，手里举着满满1升的果汁，说：“把它喝完。”

“不可能，这辈子我都没一次喝完过那么多水。”

他笑了，直接搬了把椅子坐下，然后看了看表，说：“现在11点了，你不喝完，我就不走……”

什么!？一个男人，在午夜时分，待在一个姑娘的香闺里，居然说这种话——好吧，我屈服了，开始拼命往嘴里灌果汁。

然后，刚果流行病学家陪着我聊天，一直到我把1升的果汁喝完——都快一点钟了。临走的时候他还说：“嗯，这一晚上什么也没干……”

大家都是工作狂，每天下班后不加班干活儿，那对我们来讲简直就是非常的折磨……

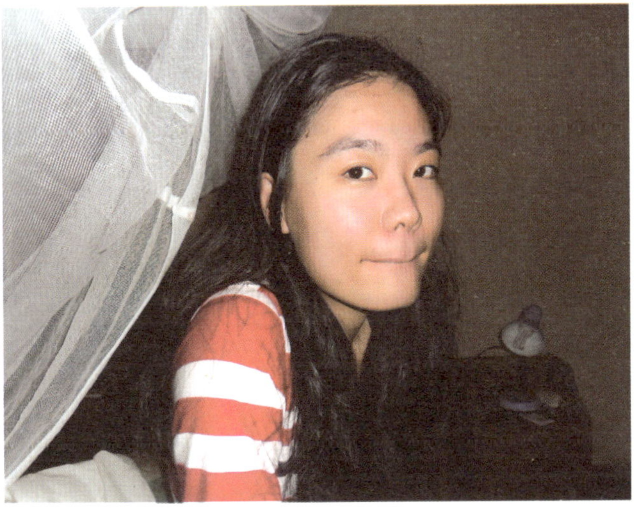

结束任务前综合征

昏睡一夜后，早上仍旧爬不起来。

刚果流行病学家过来看我，认为我实在不适合去上班，得在宿舍里休息。我一听说不能上班真是心如刀绞啊——在宿舍里没吃没喝的，还没人，多无聊。

刚果流行病学家两眼一瞪，说："医生得病真烦人，主意多，还不听话，稍微好点儿就强词夺理。你今天的主要任务就是喝完2升的口服补液盐，等我晚上回来检查。还有，我要跟项目统筹汇报，你要是敢跟上次似的，病歪歪地还出现在医院里，就把你轰回来。"

好吧，老人家双管齐下，姜还是老的辣啊。

刚果流行病学家看起来不过40多岁，却总是和我抱怨："你跟我女儿

刚果流行病学家

岁数差不多，可是比她难对付多了……”

后来发现非洲的医生结婚早，生娃早，而且只要过了45岁就以老父亲自居，看见我们这种蹦蹦跶跶的小萝卜头儿，总是忍不住要教育，而且开头一定是：你跟我女儿/儿子的岁数差不多……

据这位为无国界医生工作了8年、临床经验丰富的大叔说，我的症状有一部分属于心理问题。话说当你知道自己要结束任务回家，心态上会放松，一放松绷紧的神经，抵抗力就会下降，所以基本上在项目的末期和回到家的初期都会生病，他们管这个叫“结束任务前综合征”（End of Mission Syndrome）。

我是头一次听说这个名词，觉得很新鲜，但是仍旧嘴硬地拒绝承认自己的确有问题。

刚果流行病学家母语是法文，英文说得像法语，性格内向，沉默寡言。6个月的任务，我跟他说话从来没有超过20句，一般是因为在手术台上我自己扎了自己，或者因为生病了让他看，或者其他很“无赖”的理由，只有这次，我们聊了很久，聊成了很好的忘年交。

总是有人说，年纪越大，越难和别人成为朋友，朋友也会越少。自打我加入无国界医生，30岁之后，居然还能有特别说得来的朋友，真是一件令人高兴的事儿。我发现无论生活在哪里，人们感兴趣的话题和关心的事情都是差不多的。大家聊天，无非是以下几种主题：婚姻与爱情，国家与风俗，政治与经济，当然还有帅哥和美女——这就是人性啊！

言归正传，第二天虽然没有发热，没有腹泻，没有呕吐，没有任何跟感染性疾病有关的症状，但是我仍然觉得头晕、恶心、全身无力，休息了三天才算好得差不多。等到离开这里回欧洲述职，重症才开始出现，还直接导致了我刚回欧洲就有了坐救护车参观医院的经历——这是后话。

第〤章 因为你们，我才更爱我的梦想

© Tommy Trenchard

胖胖脸

我常挂在嘴边的一句话是："我这辈子，一直在做错误的选择，目前为止唯一的一个对的选择，就是我的婚姻。"

胖胖脸是我的先生，他性情温和，胸襟就像大地一样的宽广平实，让我无论在哪里，心里都无比的踏实，因为知道有他一直在我的身边。

胖胖脸是典型金牛座，踏实、努力、低调、朴素，这么多年了，居然还一直穿打补丁的衣服。没认识我之前，一个月生活费绝不会超过1000块。当然，光是这些优点，我是不感冒的，因为周围的朋友跟一模子刻出来的似的，都节俭得要命外加传统得要命，不是总说"人以群分，物以类聚"嘛，天知道他们怎么会和我这种总有奇怪想法、大手大脚花钱的人凑在一起的。

胖胖脸最招我喜欢的特点是偶尔冒点儿小坏水，出点儿馊主意，撒点儿总是能被揭穿的小谎，然后假装无辜状一脸纯真，明知道是他讨厌，可是忍不住地越看越爱，总有在他那胖胖的脸上捏一把的冲动。这个，女王范儿啊……

遇到胖胖脸之前，我一想到也许从某一天开始，每天早晨睁开眼睛，看到身边的却是同一个人，那种感觉简直就是世界末日。什么人能在一起生活一辈子，看着永远不烦呢？这也太难了。

遇到我之前，胖胖脸一天到晚忙事业，基本上不去相亲，总觉得自己二十郎当岁，正是奋斗好年华，怎能浪费在小儿女谈情说爱上，太不靠谱了也。

好姻缘就是，如果这两个人能在一起，在开头的几次约会的时候，就能感受得到。两个人在一起，总有说不完的话题，舒舒服服的，没有丝毫的做作与隔阂。你就会知道，他就是你一直寻找的那个人，是你失而复得的那一半。愿意在一起时，结婚与否，谁先求的婚，买多大的钻戒，或者婚礼要摆多大的排场，这些都不是那么的重要。因为你知道，这个人，会在这里等你，与你一路同行，执子之手，与子偕老。

见面的时候，没有一见钟情，只是觉得很聊得来，也很放松。后来发现，岂止是聊得来，那些天马行空、乌七八糟的想法都差不多。我们都是那种看上去是乖宝宝好孩子，实际上有颗叛逆之心的梦想家。两个小神经一合计，得，为了全天下正常男女的幸福，还是我们在一起吧。

没有婚礼，没有婚纱照，双方父母亲友吃个饭就完事了。领证前，我们两个人到中国照相馆照了张红底儿结婚照，什么时候看，都能看见洋溢在脸上的喜悦，那是发自内心深处的高兴，就是两个人的嘴都有点儿歪，有点儿煞风景，不过我们很年轻，很幸福。

若干年后，小神经生了个小小神经（我们一致认为儿子没有继承我们的神经）。我们在一起很多年，经历了很多，承受了很多，有些夫妻可能在经历很多事情之后，反而没有了继续相爱下去的勇气，因为看到太多彼此丑陋的缺点，这个人在心里已经不再完美。可是，我们仍然每天手拉手，像两个高中生一样快快活活地在街上走，无忧无虑，不管不顾。

每天早晨，胖胖脸都会给我沏一杯咖啡，兑上牛奶。轻轻关上门离去。让我继续香甜地睡。

在某个胖胖脸出差的清晨，我早上醒来，躺在床上看到旁边空空的被子，突然感觉如此失落。是的，我习惯了身边有个人打着小呼噜，习惯了睡觉之前捏捏他的鼻子把他从睡梦中憋醒，烦得他要命，习惯了每天早上看到他的脸。

在一起时，他好。

不在一起时，想起他的好，更好。

想起每天上班前，他站在窗子前，冲我轻轻地笑，目送我蹦蹦颠颠地远去。

想起我不高兴的时候，他从来不问为什么，听我在那里胡说八道，然后想方设法逗我开心。

想起我得意忘形的时候，他总是轻轻在旁边泼冷水：“不要翘小鸡尾巴，看看，都翘到天上去啦。”

想起生完“小祖宗”，喂母乳，每天晚上爬起来三次，每次都踹胖胖脸，他被踹醒了，揉揉眼睛坐起来陪着我，轻轻说：“老婆，辛苦了。”

想起生完“小祖宗”，天天晚上睡得跟小猪一样，是胖胖脸夜里爬起来给“小祖宗”换尿布，喂奶，给“小祖宗”盖被子。

没有“小祖宗”的时候，是我睡觉的时候不老实，挤得他几乎要掉下床去，还要起来给我掖被子。

有了“小祖宗”，是“小祖宗”睡觉不老实，还总往他怀里拱，挤得他像个木乃伊一样挨到天明，还要给“小祖宗”掖被子。

以前，我害怕，害怕要跟一个人无趣地厮守到老；现在，我害怕，害怕我不能跟胖胖脸一起到老。我的胖胖脸，虽然别人看他，仍然像个学生那般年轻，可是我知道，他老了，眼瞧着鬓间已见白发，因为他操心，操很多的心，得盯着我，我就是个不管不顾、彻头彻尾的自由主义者外加胡乱蹦跶的小姑娘；得养儿子，这年头养猫养狗养娃都很贵；得养两只猫，不仅要顾它们的物质需求同时还要兼顾精神需求，不然猫也会抑郁；得工作挣钱养家，因为他不靠谱的老婆攒不下钱来；得照顾父母外加我妈，得哄老头老太太们高兴。

可是胖胖脸说，老点儿好，我还嫌自己太年轻，别人看着不信任；我就这操心受累的命，你让我闲着不管，我都做不到呢；老婆，你长大了，都知道心疼我了；老婆，其实你不是你嘴上说的那种不管不顾的人，你在乎我们，你也爱我们，只不过你都藏在心里，不愿意别人知道……

是啊，现在，我在非洲，心里却无比踏实和安定，因为你们，都在我的心里，从未离去。

老爹

父爱如山，我的老爹虽然性格有些古怪，思维有些脱离实际，总是对这个世界愤愤不平，老了老了仍然不肯承认，表现在外就是一副老“愤青”的样子，每天去健身，每天上网，每天试图找些不靠谱的言论跟自己的女儿辩论。

可是不得不承认，老爹的教育方式虽然看上去奇怪，但却塑形了我现在的人生观和价值观。没有他，也不会有我现在自己选择的道路。无论这一生我会经历怎样的起起伏伏，艰难或困苦，我相信我都能顺顺利利地度过，没有牢骚和埋怨。

小的时候，虽然老爹常年在外，但回家后就会休息很长时间，每天陪着我。现在我仍然能够回忆起那些时光，那些也许在别人眼里，完全不算快乐，但身在其中，冷暖自知，多少年过去了，仍然觉得快乐。每天只吃两顿饭，第一顿的内容永远不变——蛋黄还没凝固的荷包蛋（当时吃得真的是犯恶心，现在则是我的最爱）和肉脯裹着的米饭（类似日餐），完全没有蔬菜，根本不符合营养配餐的基本要求。

然后，接受老爹喋喋不休、沉闷非常的科学教育。从九大行星一直讲到天体物理，丝毫不顾及婴幼儿注意力只能维持最多5分钟的基本事实，从来都是长达一两个小时的长篇大论。最后，都是以“爸爸，我要上厕所”作为结束。就这样，人家还牢骚满腹，觉得我没有认真听讲。是啊，我承认，绝对没有认真听讲，上厕所也绝对是借口，可是你给我讲白矮星宇宙爆炸，我就一小屁孩怎么可能听得懂啊听得懂!!!

随后，就是体力训练，靠墙倒立，抓乒乓球练反应，基本格斗训练（怎么出拳，怎么在打架中占先机）……我当年真是欲哭无泪。那破球飞得那么快，我哪儿抓得住啊，打架怎么可能打得过自己老爸啊，可是日复一日的，白天就我们俩在家，连个能告状的人都没有，只好坚持再坚持。

有时心里真的很恨老爹。他不哄着我，不给我好吃的，还成天训我，真讨厌！可是成年以后，发现自己的反应能力一流，动作敏捷而迅速，想起遥远的童年，那个因为抓不住乒乓球而痛哭流涕的自己，居然一点儿也不心疼。

老爹还干过什么事？把我一个人扔在游乐园里、商场里，自己偷偷藏起来看我的反应，乃至彻底消失。我拎着抓蜻蜓的网子屁颠屁颠地走回家，对着一脸诧异的老妈骄傲地说：“爸爸走丢了，我自己回家的。”

当别的父母给自己家娃买饮料买零食时，老爹却一脸严肃地说：“玩儿啊，如果渴了、饿了，咱们就回家，不许路上给我喊，玩儿或者喝水，自己选一样。”于是，年幼的我，总是按时喊爸爸回家。但我心里依旧很不高兴，因为我的爸爸跟别人的爸爸不一样。我几乎从没跟他撒过娇，因为没有好结果。如果想要什么东西，只说一次，如果他不同意给我买，就绝口不再提。

可是，老爹会带我去郊外骑自行车，哪怕骑到湖里去他也不管，带我去划船、钓鱼、抓小鱼小虾、抓蝌蚪、抓青蛙癞蛤蟆。他不会在我屁股后面追着喊“小心啊”“不能玩这个”“不能上那儿上面去”……他自己则直接找个安静的地方，看报纸、发呆、打瞌睡，直到穿着小粉裙子脸被阳光晒得红扑扑的小姑娘自己找到他，说：“爸爸，渴了，我们回家。”

那个年代，独生子女，却有着自由自在的生活。

老爹说：“18岁之后，自己养活自己，我就不管了。”小姑娘吓得痛哭流涕，因为她以为18岁就在明天。

老爹说：“别人欺负你，别找我来告状，自己去解决，打不过就永远不要下去找人家玩。”小姑娘哭得乱七八糟，权衡再三，结果下楼把人家小伙子打得回家找姥姥。自此没人再敢欺负她。

老爹说：“是金子在哪里都会发光，是烂泥在哪里都是烂泥。”小姑娘于是去了三类校，谁也瞧不起的普通中学，自己努力考到想去的高中和大学。

老爹说：“在这个世界上，不是你想要什么就能得到什么。有的时候，生活不会如此完美。”

老爹说：“一分付出一分收获，只要努力，总会看到希望。”

老爹说：“这个世界如此多姿多彩，多走多看，不做井底之蛙，生活会变得充实而幸福。”

老爹说：“谁说女子不如男，身为女人不是自己不努力的借口，男人能做到的事，女人一样能做到。”

那时候，学校让写自己最佩服的人，别人都在写伟大的科学家，我大笔一挥，就把老爹的名字写了上去。

那时候，我每天绑着2千克沙袋跑2000米，跟着一帮傻小子一起打篮球打排球，追着他们跑到男厕所。

那时候，心心念念想要的，不是洋娃娃和漂亮的衣服，而是帅气的刀枪剑戟和AK47。

那时候，老爹依然会在我的家长会上睡着。

那时候，老爹依然活得邋里邋遢、不管不顾。

那时候，老爹依然会顶着老妈的狂风暴雨，悄悄跟我说：“姑娘，天塌下来还有老爹呢，愿意做什么就做什么。”

等到自己终于长大，老爹不再像个身上笼罩着光环的大人物，而是一个普普通通地熬了多年却没熬出头的老医生，每天念叨的都是不切实际的理想，发着各种各样关于生活的牢骚。骑车带着我时居然倍感吃力，跟我吵架之后也会买很多好吃的尝试讨好我；而我总是不耐烦他的长篇大论和奇谈怪论，有时忍不住一本正经地教育他一通“性格决定命运，没办法，你自己不改，发牢骚有什么用”……

却忘了，老爹已经垂垂老矣，他其实在非常努力地追赶着这个社会的变化，希望自己能让家里所有人生活得好些。可是，这个社会发展得太快，和他们曾经生活过的时代完全不同，人与人之间变得缺乏真诚和互相信任，评价一个人，尤其是一个男人的标准变成了房子、车子、票子，我的老爹，他依然骄傲而敏感，可是他无所适从。

他仍然天真地跟我说："我相信，如果真有一天我突然昏倒在街上，还是会有好心人扶我起来，送我去医院的。"

他依然希望有一天，能住在山清水秀的乡下，钓钓鱼，发发呆，打打瞌睡，哈喇子流得老长。

他说："我是农民的儿子，怎么了，这一点儿也不丢人。"

他说："从我小的时候，我就想知道，翻过山的那一边，究竟有什么样的风景。"

老爹，我爱你！

愿望清单

某天跟印尼同事聊起孩子，她问："你对他有什么期望没有？"

"有，我希望'小祖宗'健康，快乐，活泼，自己能养活自己，能做自己想做的事。"

"没了？"

"没了。"

"你不想让他上什么大学？你不想让他跟你一样做医生？"

"不想，其实他上不上大学对我而言无所谓，只要能做好一份工作，能自己养活自己就行。做医生？太辛苦，不过如果做医生是他的梦想，我也会支持的。"

“可是，你知道吗，我们亚洲的家长，大都会对孩子有很多希望，希望他上什么样的学，嫁或者娶什么样的人，希望他从事什么样的工作……有的时候，你不会做自己想做的事，因为会有太多的阻力，有太多人反对你。”

“是的，我知道，但从小到大，没有人跟我说，你非得做这个不可，非得做那个不行，我所有的路，都是自己的选择，没有别人的强迫。所以对于我的孩子，我也是一样的态度，我要给他存一笔钱，等到满18岁的时候，让他做自己想做的事情，比如周游世界，四处走走……”

印尼同事对我说：“到现在为止，你是我遇到的唯一一个这么对待自己孩子的妈妈，做你的孩子一定很幸福……”

我心想：幸福？估计“小祖宗”哭都来不及呢……

“那么，如果你的孩子也想要做无国界医生，你会支持他吗？”

“会的，我会支持他，不过生个老二先，得有备胎啊……”

有梦想，并且去实现它，是人生中最美妙的时刻。

所以，我觉得很幸福。

从小，关于我的职业，我的愿望是成为医生——实现（虽说我想当的那种没当上吧）。

所以，我要考上医科大学——实现（虽说没考上老爹最想让我去的那所吧）。

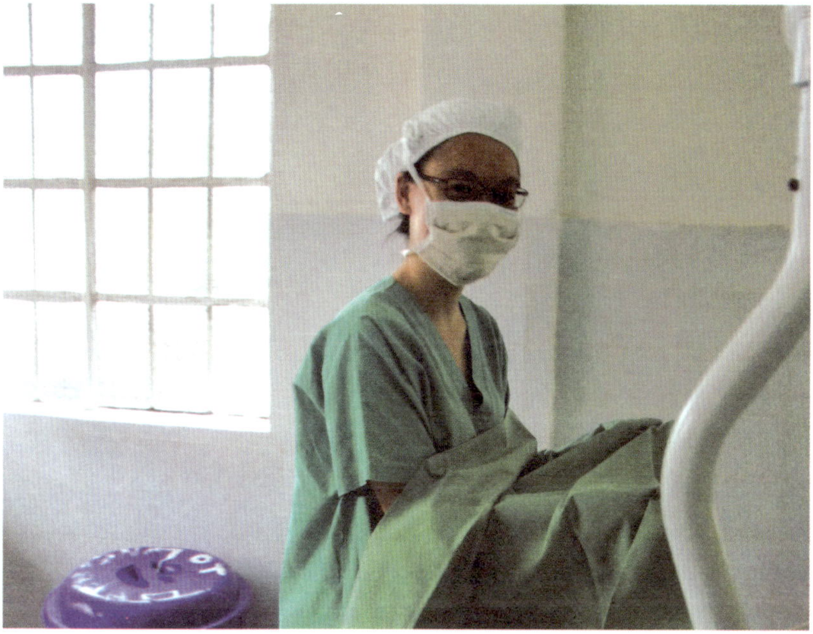

客串接生婆

我要有一辆特别好骑的能变速的山地车——实现（虽说一个月之后就丢了吧）。

学游泳——实现。

学潜水——实现。

养猫——实现。

生个儿子——实现。

周游世界——实现中……

做无国界医生——实现中……

还有，没有实现的：

学法语。

当个作家。

去星巴克当个煮咖啡的营业员——这个好办，不知道什么时候你就能在星巴克看见我了。

开家小小的书店。

找一个依山傍水的地方，盖一座大房子，和我爱的人生活在一起，永远不分离……

非洲妈妈

非洲妈妈有点儿胖（按照非洲标准，确实只是有点儿胖），虔诚地相信上帝，每周都去教堂做礼拜。她收养了很多塞拉利昂的战争孤儿，她白天要在医院工作，晚上回家照看孩子，给他们洗澡，哄他们睡觉。

她总是跟这些孩子睡在一起，半夜的时候这些孩子会起来跟她说“妈妈，妈妈，我饿”。她就爬起来给这些孩子准备吃的，所以晚上睡不好觉。但是第二天早上的时候她还要坚持去上班，因为她要照顾这些孩子，养育这些孩子。

她已经为无国界医生工作很长时间了。塞拉利昂内战期间，局势危急，她带着所有医院里的“外国人”，把他们藏到自己的村子里、自己的家里。在叛军经过、滥杀无辜的情况下，她仍然愿意挺身而出，保护这些与她没有什么关系的人，而这些人总是要离开的，她却一直在这里。

我和我的非洲妈妈

她最少已经五十四五岁了。在塞拉利昂退休年龄是60岁，而由于政府系统的欠缺，她不会有任何的退休金。当我从医疗统筹那里得知这个消息的时候，忍不住在想，那她用什么来维系自己的生计，用什么来养育那些孤儿呢?

医疗统筹告诉我，她从未被在这里工作过的“外国人”遗忘。每年，都会有人从遥远的地方，带一些力所能及的帮助给她。在短短的几个月时间内，我们也许不能改变什么，但是那么多年来的不间断支持，至少改变了数十个战争孤儿的生活。

在我结束任务离开时，大家围坐在一起做临别发言，她说了很多感动人的话，让我感动得一塌糊涂，哭得稀里哗啦。

无论在什么地方，都有这样一些人，他们的善良与坚持，让你看到这个世界美好的一面，让你在面对残忍的现实时，仍然感受到阳光的温暖，让你仍旧抱有信念，愿意为这个世界做出自己的贡献。

大力士

在病房里待着，眼瞅着一位新妈妈（做完剖宫产也就三天）用右手提溜起自己两岁多的儿子来（把手插在一边胳肢窝底下的那种提法），就出了病房。

我转头跟我们菲律宾医生感慨："这么拎娃，我可不行……"

菲律宾医生笑着说："这里的人都很强壮……"

是啊，自打儿子长到一岁，我就再也不想抱着"小祖宗"到处走了。真的很累，死沉死沉一东西，关键这家伙还不老实，左动右动，一会儿工夫就不知道出溜到哪儿去了。

你有意见？他更有意见，抱得不舒服不行，姿势不正确也不行，"小祖宗"还不会说话，鬼知道他要什么姿势啊！

只好换来换去地不胜其烦，好在后来“小祖宗”也发现我是最讨厌的一个，不仅懒，牢骚也多，时不常地还用“恶毒”的眼神扫射他一番，于是毅然决然地投身新好老爸和新好姥姥的温暖怀抱。

他的新好老爸也不是不抱怨，只不过面对他时永远笑脸相迎罢了，其实，呵呵，背后恨得牙痒痒。

某天跟“小祖宗”置完气，咬牙切齿地跟“祖宗”妈说：“咱们再生一个，让小的欺负死他。哼，想想就解气。”

“祖宗”妈想着，赶紧得记下来，证据啊，以后万一崽儿跟他老爹一头，得把这东西翻出来影响安定团结……

所以有很长时间，我都不敢去儿科病房，因为害怕听到和“小祖宗”一样的哭声，我这当妈的也会悲从中来。

路过儿科病房，时不常就能听见有妈妈在病房外面的院子里撕心裂肺地哭，因为她的孩子去世了。

每当这个时候，我总是故作镇定目不斜视地迅速走过去，心里却还忍不住跟着一起伤心。毕竟，有了娃之后，就能深刻地体会“肉中肉，骨中骨”的感觉。

所谓养儿才知父母恩啊，真的不容易，光是那种揪心的感觉，没有娃的时候，你是丝毫也感受不到的。

等到有了娃，你才会真正理解：

为什么父母会一再唠叨着说注意安全，不要到处瞎逛；

为什么会明知你烦得要死还要每天打个电话；

为什么你一早恋晚回家，你妈妈就要勃然大怒；

为什么父母总要干涉你的生活外加私生活；

为什么当你离家千里时，妈妈会整夜整夜不能入睡……

以前，你总是对此一笑了之，或者作为有趣的谈资，或者直接勃然大怒。

现在，你却会贱兮兮地对自己的崽儿做同样的事，虽然明知道他也不喜欢。

因为你害怕，你怕一个不小心，一个不注意，就会永远失去他，就会让自己懊悔终生。

当然，那种贱兮兮的感觉非常之好。每次屁颠屁颠地跟在崽儿后面唠唠叨叨，看见崽儿皱着小眉头一脸不耐烦的样子，心里甚至有种胜利感：看咱俩最后谁斗得过谁……

理解了，估计咱妈跟咱斗嘴的时候也是脑子里多巴胺疯狂分泌的，难怪乐此不疲。

言归正传，非洲妈妈抱宝宝的姿势很有趣，都是竖起来扛在肩头。她们很少像我们一样横着抱宝宝，说那样的话，宝宝总觉得你要给他喂奶吃，他会一直找奶头，不愿意睡觉。

我们菲律宾医生说："在我们那儿，谁要敢这么抱孩子，得被唾沫星子给淹死……"

我说我都被淹死若干次了……

另一件我不敢做的事是，刚生下来时，他们会把孩子完全倒提起来拍打，换尿布的时候有时也会这么干。我倒是不觉得倒提会对宝宝有什么太大伤害，因为时间持续很短，不过对于自己的力气不大自信而已，总是怕不小心，把孩子给摔了可咋办。

吃饭记

记得加菲猫的最爱吗？是的，意大利千层面。我每次看到加菲猫大胖脸上一副美食爱好者的贪婪样，就知道乔恩又给他做了意大利千层面。不明白的是，为什么这种食物成了加菲猫的最爱？

现在知道了，因为昨天晚上，同屋的美丽贤淑的丹麦姑娘掌勺做晚饭。姑娘跟我岁数差不多，比我生存能力强多了。自己在丹麦买了房，还着月供，会做饭，认识的蔬菜种类也比我多。

刚到非洲，我总以为自己要变瘦，可是自打丹麦姑娘来了之后，就有变成小胖子的趋势了。她总是搞出些外形可人，味道也可人的食物来。虽说也念叨着健康饮食吧，可是冰激淋一吃，放着各种芝士的食物一上桌，我们三个姑娘就跟狼见了羊一样，眼里放着光冲上去了。

霹雳娇娃

上个周末，我不值班。我们在宿舍吃的饭，觉得不解馋，两小时之后移师餐厅，点了更多的肉肉，回来路上互相取笑。这种吃法，过三个月之后，就变成三个小胖子了。这个周末她们想出个新创意，说我们三个人是霹雳娇娃，确切地说是霹雳胖娃，我是刘玉玲，丹麦姑娘是德鲁·巴里摩尔，印尼姑娘是谁我给忘了……然后继续在餐馆使劲儿吃（仍然是吃完晚饭再去的……），我们点了炸鸡翅、炸虾外加吞拿鱼沙拉，几乎是一扫而空，看得坐在旁边的菲律宾医生一脸无奈，他就点了个小三明治，还没吃完。我们仨打着饱嗝，挺着突出的小肚子，东倒西歪地回宿舍睡了。

赶上丹麦姑娘休息，她从4点钟开始准备晚饭，做意大利千层面。我觉得吧，但凡是意大利的食物，多少能和某种中国食物搭上边，这玩意儿有点儿类似我们的褡裢火烧，不过里面放的是牛肉馅、胡萝卜和番茄酱，还有大量奶酪，应该还有点儿别的，我没吃出来。用意大利面做的薄饼作隔层，放在烤箱里烤一会儿就能吃了。

美味啊！我们每个人都吃了很多，并且谄媚地对着丹麦姑娘说：“嗯，亲爱的，有你在真好，以后每周都做好吃的哦……”而她特别认真地对我们说：“我来这里之前一周，在家里做的那个意大利千层面才叫好吃呢，这个也就叫凑合……"

我们纷纷开始打听："你住丹麦哪儿啊，结束任务我们找你去……"

丹麦姑娘前些天的最爱是去超市，把我们这儿仅有的两家超市逛了个遍，曾经创下一天之内去两次的纪录。拉着我们先去了Minimarket，买得不爽，又去Supermarket，一头扎在里面怎么叫也不理。我们菲律宾医生那叫无奈啊，自己先走吧，不好意思，等着吧，怎么就不明白这仨姑娘买什么呢这么疯狂。

——别废话，要不是我们，你买得着猪肉吗？切……

最近的最爱是去Open Market，就是类似咱们菜市场的那种市场，什么都有，得砍价，不过便宜得很。我去过一次就不想再去了，丹麦姑娘又是保持一天一次的频率，关键是，真买出好东西来了。买了条连体裤，穿不下，转手卖给了我；买了若干块Larpar（就是一种布料啦），花色很中国，我们建议她做身旗袍；买了西瓜（居然有西瓜卖！！！）、某种我没见过的蔬菜（不知道中文名，我也压根不认得，原谅我吧）、一堆新鲜小黄瓜和西红柿……勾引得我立刻决定第二天跟她再去，那布料图案真的深得我心，超级好看，而且超级便宜。我们一致认为，她不应该当护士，直接改行干国际贸易得了，还能促进丹塞（丹麦和塞拉利昂）两国沟通。

这里最便宜的是人字拖，价钱便宜到想不到，而且——都是Made in China……

一天中午，丹麦姑娘做比萨饼，我有点儿吃烦了，自己回来煮面条吃，放了鸡汤调料和鸡蛋，跟人家大餐没法比的，可是超级中国味儿，面条袋上赫然写着"珠江"牌。印尼姑娘说："这个，嗯，好吃，不错，就是卖相比不上人家的……”

然后，人老人家抹抹嘴说：“剩下的你都吃了吧，我要留着肚子吃比萨饼去……”

我倒，这都什么人啊，就知道吃！

吃完，我跟印尼姑娘说：“我困了，睡觉去了啊！”

印尼姑娘说：“这才不到两点，你睡什么觉啊……”

可我困啊，一觉醒来，浑身是汗，看表，5点多了……

然后，然后？

又饿了……

等着吃晚饭……

幸福的生活啊！

❶❷ 博城集市

❸❹ 高速公路边的集市

❺ 非洲集市

超级美味啊

这个周末我们本来计划得好好的，周六去爬山，周日去打壁球，结果周六凌晨我被召到医院做宫外孕手术，爬山泡汤了。周日呢，自己犯懒，没去打壁球。但是，在对待自己的胃上面可没有丝毫懈怠。

我们三个姑娘做了一桌好午饭，又吃得东倒西歪的。

我从超市买的烟熏三文鱼，丹麦姑娘在煮意大利通心粉的时候放了个笊篱在锅上，把三文鱼慢慢熏熟，健康又环保，还节约时间。

意大利通心粉分两部分，一部分用番茄酱和芝士搅拌好，一部分用来与千岛酱和吞拿鱼沙拉拌在一起吃。

超级美味啊！于是，我们决定每个月轮流买三文鱼回来吃，然后把吞拿鱼罐头列入我们的公共食物储备中去。

吃完饭，饭后甜点是前一天午餐剩的小点心和上好的冰激淋。还有新鲜菠萝和杧果。

有时候想想甚至觉得非常骄傲，作为无国界医生的一员，我们不仅需要每天和有限的条件做斗争，还需要在繁重的工作之余，照顾好自己，同匮乏的资源做斗争，努力让自己生活得舒服些，就像还是在家里一样。

朋友

三个月之后，终于开始想家，想念我的“小祖宗”，想念胖胖脸，想念妈妈……这思念突如其来，却怎么也挥之不去。恨不得要放下一切，回到自己爱和爱自己的人身边，开始想念有人爱，有人惦念，有人关心的感觉。

幸好，我的身边有她们陪伴，彼此照顾、彼此关心。

我值班回来晚了，会有人专门把饭留出来。

印尼姑娘病了，也会有人绷着脸絮絮叨叨地念叨她不听医生的话。

我们会一起在周末做饭吃；会挤在我的房间里，七扭八歪地躺在床上一起看电影（因为我换房间了，这次无比大还带私人卫生间）；会在每天吃晚饭时聊聊天，开解下彼此生活中的烦心事，聊聊新来的男生哪个比较好看，外加发发各种各样的牢骚。

周末结伴去Open Market“淘宝”，跟不要钱似的抢着买好看的Larpar，做有非洲特色的裙子。

工作累到吐血的时候，会有人贴心地跑过来照顾你。

一天，丹麦姑娘累得要死，懒洋洋地躺在床上，突然跟我说：“你9月份走的时候，我会很伤心的。”

我说：“这才6月，怎么想起这个了？另外，干吗伤心啊？”

❶
❷

❶ 业余生活——看美剧
❷ 卖Larpar的白胡子老爷爷，其实他还不到60岁

她说："因为我喜欢你，舍不得你走啊……"

因为每天总有人傻呵呵地犯各种各样低级的语法和拼写错误，丹麦姑娘每次都是乐着不厌其烦地纠正，外加鼓励"你现在说得越来越好了"。

因为每天有人在她耳边唠叨着没有永恒的爱，不要相信一见钟情，丹麦姑娘每每撇着嘴说"你真庸俗"。

因为每周总有新鲜的水果和沙拉吃，还能吃到以前没吃过的各种欧洲美食，而我总是流着口水，对着丹麦姑娘傻呵呵地乐，说："吃什么随便，都好吃。"

因为上一分钟她还在一本正经地教育我要健康饮食，下一分钟就叫嚣着非要吃巧克力和奶油冰激淋。

因为她总是对着我摆各种性感姿势，然后对我的竹竿身材一脸不屑，跟我说："我不喜欢你，你太苍白，太瘦……"

因为她如此美丽而单纯，让人由衷地喜爱。

可是，我们知道，能一起分享几乎所有东西的朋友实在太少太少，所以珍惜再珍惜。

一天，给印尼姑娘剪头发，用师兄送的瑞士军刀上的小剪子。平生头一次在真人身上练手，却发现自己真的是用刀和剪刀的天才，居然剪出个人人称赞的超酷发型。丹麦姑娘已经迫不及待地预约在我走之前给她剪头发了。估计过几天，我就成项目上的业余发型师了。

印尼姑娘会每天给我发各种短信，从提醒我多穿衣服到问我什么时候

安式发型留念

回家。她会在早上对着疲惫不堪、累得要死的我说：“你昨天晚上1点37分离开的宿舍，今天早上5点过3分回来的。”而我，总是皱着眉头对她说：“你知道吗，在这座房子里，我根本没有秘密，你知道一切……”如果有人问我，你什么时候来的塞拉利昂，还有多久就要离开，我会直接转身问她，总能得到精准的回答。她比我还了解我的一切细节。

她会认真地跟我说：“记住哦，我的名字在印度尼西亚语的意思是鲜花。”

她会真情流露，高兴的时候大笑，不高兴的时候哭泣。记得来这里一个半月的时候，她跑到另外一位印尼同事那里痛哭，原因是怎么也想不起自己父母的样子……

她会跟我抢着做面条吃，然后使劲往汤里放辣椒，辣得丹麦姑娘要哭鼻子。

她还会一脸不屑地跟我说：“你能嫁人是因为幸运，不是所有人都跟你一样幸运的……

她还会每天从自己的晚餐里省下肉肉，定时定点地喂这房子里唯一的男性——那只不要脸总偷吃我们东西的猫。从自己早餐里省下面包，去喂站在围墙上放声歌唱的小鸟。

最近，她则给我起了新的外号——我亲爱的中国面条小姐（My Dear Chinese Noodle），因为我现在该死的还是只会做面条。

某天早上，丹麦姑娘突然跟我说："亲爱的，做面条给我吃吧。"

我当时惊讶万分。

亲爱的，估计再过三个月，你就变成彻头彻尾的中国人啦，谁叫你成天跟着两个亚洲人一起混呢。

科特迪瓦医生

这几天有件事颇让我抓狂，在夜里，我躲在蚊帐里，仍然被不明小虫咬了数十个包，很痒，非常痒，而且确定不是蚊子。使用花露水、风油精都不大管用，几近抓狂之下，我找到临时担当团队医生给我们这些工作人员看病的科特迪瓦医生，看看到底是怎么回事。

他看了看，乐了："恭喜你，中奖了，看上去是'臭虫'的杰作。"

"不是什么该死的寄生虫、跳蚤、体虱之类的？"

"不是，这种虫子更小，你几乎看不到它的存在，而且不会在你的身上存活，它们只生活在床上。换个床垫试试吧……"

问题解决了，不过由于最近接连遭受打击，身体和精神都处于高度紧绷状态，我还是可怜兮兮地跑到科特迪瓦医生的宿舍哭了一场。

我和科特迪瓦医生

其实科特迪瓦医生一直很辛苦，早出晚归上班之余，还要暂时接替刚果流行病学家的工作，给我们这些工作人员看病。而且，最近生病的人又很多，同屋的丹麦姑娘发热，诊所的挪威护士左手食指患甲沟炎，左脚食指又被猫咬了一口，科特迪瓦医生感染疟疾，在给我们看病的同时，还要治疗自己的疟疾。相比而言，我的问题简直是小得不能再小了。

但是，看我如此伤心，他还是陪着我走了好长的一段路，陪我聊天，疏解我的痛苦。

我们聊了很多，关于家庭、孩子，以及对未来的规划。我发现，原来真的是每个人都有自己的价值观和逻辑体系。一些你觉得断然不能接受的事情，可能别人觉得非常正常。一些你觉得很普通的事情，在别人听来也许就会面露诧异。这可能就是来自不同国家、不同地区，受到不同文化影响的人聚在一起的好处，让你看到其实怎样活着都是有乐趣的。

科特迪瓦医生陪我散步时对我说：“婚姻是沟通、妥协、相互支持、相互原谅。有的时候确实很难做到，但是为了整个家庭，你要努力去做。”其实以前我一直觉得，婚姻就像一场赌博，在离婚率居高不下的今天，怎么能坚信这个人就能跟自己走完这一生呢?

想起每当说起什么事情，科特迪瓦医生总会说“这是我们讨论之后共同做出的决定，不是我一个人的”。我有些明白，或许就是这种互相尊敬而平等的关系，才是他们婚姻稳固的原因吧。不是从属关系，不是上下级关系。在太太不工作，做家庭主妇，先生常年在外的婚姻里，实在是非常难得。我更多看到的关系反倒是：我挣钱养家，于是我就高你一等，你就得听我的。而这样的婚姻，必然会出现很多问题。

是啊，我们的科特迪瓦医生都结婚11年了，有个能做一手好菜的妻子，4个活泼可爱的女儿，他准备买个更大的房子，为此正在努力工作，而且准备回到家乡——那个战乱之地[1]，找一份新的工作，有更多的时间和家人相处。

我们知道，我们是完全不同的两种人啊，可是我们仍然相互理解、相互沟通、相互尊重。

P.S. 可惜了我最喜欢的床垫，1.8米×2米的那种，不软不硬刚刚好，就因为该死的什么虫子，换成现在的单人床垫，软得要命外加一睡一个坑……

不过好在换完床垫，再也没挨咬……

1 科特迪瓦于2002年至2011年经历近10年的战乱洗礼。

万能麻醉护士

在医院里，我最喜欢的地方是手术室，不仅仅因为这里有空调，凉快，还因为手术室里有全医院技术最好、最热爱工作的同事——我们的麻醉护士。

成天在手术室里混，就跟他们混得熟了。白天一起讲笑话，晚上值班抢救病人，累得半死的时候看到有人跟自己状况差不多，心里居然很高兴，因为知道自己不是一个人。

Suma，我们的资深麻醉护士，塞拉利昂和几内亚的混血儿，瘦瘦的，沉默寡言，经验丰富，会做超声，能扎超级难扎的新生儿的小血管。超声机器的屏幕坏了，后勤一筹莫展，他捣鼓了几天之后给修好了；电动吸引器的脚踏坏了，后勤没有备用，我找到漏气损坏的部分，又是过了几天，他居然用万能胶给粘吧好了，到目前为止使用正常。

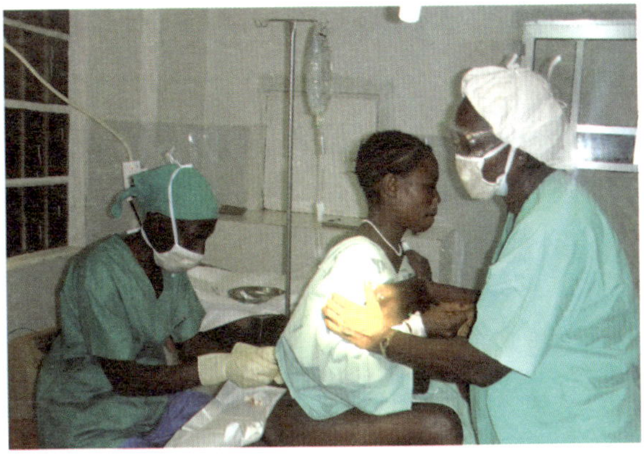

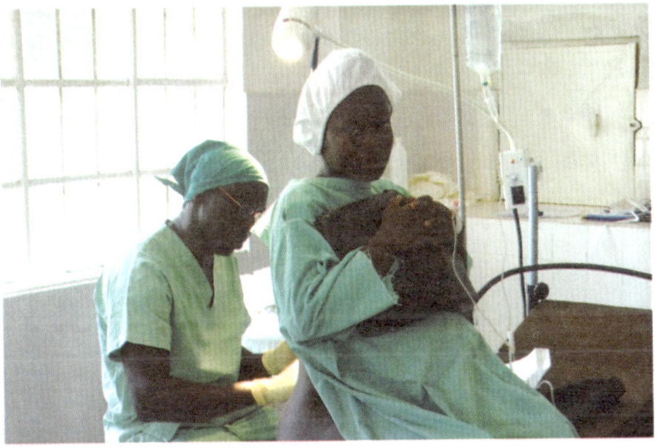

❶
❷
❸

❶❷ 麻醉护士工作中
❸ 手术室团队合影

有时，他已经下班了，看到产房和手术室忙得一塌糊涂，什么也不说就留下来加班帮忙。在三个麻醉护士，一个生病，一个休年假的时候，白天黑夜地连着值了将近一周班。可是从来听不见他抱怨，也从不见他因为多做了些工作而要求这、要求那。你夸他的时候，他会不好意思地笑，你不高兴的时候，他也会突然讲个笑话给你听。

闲的时候，他会给你讲塞拉利昂内战，自己是怎么带着家人在丛林里提心吊胆地躲藏；自己怎么从一个普通护士辗转成为无国界医生的麻醉护士。当见到年轻的生命逝去时，他会伤心得眼泪在眼眶里打转；在成功地抢救了濒临死亡的病人时，他也会绽放出会心的微笑。

John，我们的另一位麻醉护士，长相英俊，身高腿长，身材健壮。40岁的人了，足球、篮球、排球样样玩得专业，跟我一样闲不住，腿脚灵便，四处乱窜，什么时候见到他都是满脸微笑。在手术室里他却要求严格，发现器械护士和巡回护士的错误会毫不留情地指出来，半夜被我叫起来到医院的时候睡眼惺忪，一进手术室就跟打了鸡血似的精神起来。最喜欢给我放迈克尔·杰克逊的音乐。每次早查房的时候，他会跟每个病人打招呼，遇到年纪轻轻就当妈妈的小姑娘，还会温柔地安慰她们。

两位麻醉护士之间的关系有点儿像兄弟，无须多言，互相之间就能理解和支持。是他们，让我深深体会到团队合作能让复杂的事情变得简单，能提高工作效率，能让每个人，虽然辛苦工作但仍然心情愉悦。

就像Mr. Suma某天看完电影《利比里亚战争》跟我说的：“这个世界上，有比金钱和权力更为重要的东西。幸福与否，不在于有多少钱，住多大的房子，开什么样的汽车，而在于自己的心态。因为我们珍惜现在所拥有的一切，热爱工作，热爱家庭，热爱这世界。”

意外的礼物

上个周末在超市里遇到几个中国人，我知道弗里敦有不少中国人，但在博城，这是第二次遇到中国人，很稀罕。其中有一位来自新疆的姓赵的大叔，人看上去非常友好，聊了几句，知道他是搞建筑监理的，在博城的中国援建项目里任总工程师，来这里一年了。他说在博城，中国人就数他们那儿的人最多，三十几号人呢。我们互相留了联系方式，他说有空请我去吃中国菜。

一天，他果真给我打来电话，说过几天就要回国了……我听英文时间长了，突然变成全中文交流，颇感困难，半天也没弄明白他电话里说的是什么，结果等车子到了，发现他给我带了很多好东西，整整一箱方便面，老干妈若干瓶，居然还有白腐乳，以及肥皂、香皂、牙膏、拖鞋、毛巾若干，还有洗衣粉、杀虫剂，甚至还有一整盒蚊香……估计他把剩下的个人储备用品都给我运来啦。

我还觍着脸去蹭了顿饭吃，高兴得差点儿连“谢谢”都忘了说。

回宿舍和印尼姑娘一起收拾东西，两人简直都要乐疯了，都是亚洲人啊，吃饭爱好都一样，这下好了，后三个月的生活不用愁，想吃啥都有啦。印尼姑娘坐在地上，跟想起什么惊奇的事儿一样，跟我说：“你看，多好的礼物，上周你还想家呢，这周就收到来自中国的礼物啦。”

哈哈，真的是意外之喜，谢谢赵老师。

离别

有人说，相逢便意味着离别。

项目里，每过几天，就会有人结束任务，离开，同时也会有新的人来到。如果你是只久经考验的“老鸟”，你会非常习惯这一切，因为相遇和离开，本就是生活的一部分。

可是，有的时候，还是很难控制自己的感情，当离开的人已经是你生活的一部分时，虽然总是说“希望再相遇”，可你清楚地知道，在这几个月的相逢之后，人海茫茫，几乎不可能再相遇，这个人可能就此消失在自己的生活中。

每次相遇，都是缘分，要珍惜再珍惜。

这次是来自科特迪瓦的儿科医生结束长达14个月的任务，回家去和老婆孩子团聚了。

有的人，生来就带有令人安心的温暖力量，当你沮丧时，也许他只是拍拍你的肩膀，呼喊你的名字，你就立刻能感受到一股热流充满心脏，然后奇迹般的不再沮丧和伤心，展开微笑。

他就是这样一个人。

晚上去和他道别，因为第二天要值班，不知道能不能见到他说最后那一声“再见”。早上，再一次拖着疲惫不堪的身体，坚持着道一声“珍重”。

拥抱之后，慢慢走回家，路上轻轻地流泪。

永远也不会忘记，在最伤心、最难过的时候，是他，给了我最大的安慰。

当我在房间里放声哭泣，伤心得不能自已的时候，是患了疟疾的他陪伴在我旁边，聊天、散步，疏解我的痛苦。

当我情绪消沉，任性地要求抗抑郁治疗时，他微笑着问：“睡眠怎么样？睡得跟猪一样，好得不得了……”我们都笑了——因为唯有睡眠也欠佳时，才能诊断为抑郁（这是我们之间，只有医生懂得的幽默）。

当从我们宿舍走到博城，等车来接的时候，他已经体力不支，坐在地上休息，可仍然耐心地微笑着，回答着我愚蠢而又幼稚的问题。

其实，在过去的4个月里，我们几乎没有时间交谈，他每天加班，最后一个离开医院；我值夜班，半夜一个人在医院里奋斗，第二天下午才回到医院，累得连话都不愿意跟别人说。

在医院匆匆遇到的时候，短短说声“hi”，然后各自忙碌。

而这次，则是短短一声“再见”。

谢谢你为我们所做的一切，希望你的国家不再战乱不休，希望你能攒够钱，买个大大的新房子，希望你能一直和家人在一起，过上平静安宁的生活。

我们，会一直为你祈祷。

纪念

纪念文字，很难下笔，不知道该怎么写。因为对我而言，身边的人，在年纪轻轻就猝然离去，这还是头一遭。

那位跟我合作愉快，我们一起奋战了两个月的菲律宾医生，因病转到塞内加尔两周后，由于病情突然加重去世了。

36岁，年仅36岁，年轻的生命在刹那间消失不见，徒留悲伤的家人和年幼的儿子。得到消息的时候，我先是不相信，继而沉默。同屋的两个姑娘在得知消息的同时痛哭失声，所有的人都沉默着，惊诧着，痛苦着。我找到同事，要了根烟，狠狠抽了起来。

要知道每天在同一个病房里工作，想起两周前还有个人跟我谈笑聊天，两周后就剩下自己一个人了。当时在病房里查房，看到他写的最后一个手术记录：

子宫破裂，行次全子宫切除，用时65分钟。

看见那熟悉的龙飞凤舞得难以辨认的字体，我扔下病例，跑到手术室的更衣间大哭起来。

犹记得，刚到项目上，傻呵呵不在状态的我，在病房里迷茫着不知该干什么好的时候，他笑着说："别着急，你会慢慢适应的，过两周就会顺顺利利了。"

犹记得，第一次见到头盆不称、临产时间过长、取头困难的病例，心里忐忑非常，他特意在手术开始前跑过来说："不行就开子宫纵切口，抓住脚把胎儿取出来。"

犹记得，跟在他身后，屁颠屁颠地看自己拿不准的超声，得到他肯定的答案，心里那份踏实和安稳。

犹记得，值夜班值到要崩溃，本来眼泪都要止不住地落下，他微笑着跟我讨论起手术中要注意的问题，转移我的注意力。最后，我高高兴兴但仍然东倒西歪地回去休息。

犹记得，从不多说话的他，看到我一脸疲惫，总是要求多做些，以减轻我的负担。当我不好意思地想要拒绝时，他总是说："没关系，我不累。"

犹记得，他发热的那个晚上，我去看他，他还跟我说："我能坚持，你不用替我值班。"被我狠狠地拒绝……

犹记得，他被转走前的那个晚上，发短信告诉我："真抱歉，我给你添麻烦了。"我去看他，握着他的手，说："你要好起来，要再回来哦，我们都等着你。”他笑着说：“一定，一定……”

……

只是，两周之后，却已阴阳相隔，无法再见。

翻着手机里的短信，一条又一条，怎么也不愿意相信，两周前还在我面前微笑着的人，就这样走了，一去不复返。

他热情，乐于助人，经验丰富，医术高超，善于沟通，几近完美的一个人。

所有在塞拉利昂项目上与你一同工作过的人，都深深地怀念你，爱你，愿你在天国安息……

告别会

自打知道我的项目要结束，产科病房的同事们就在一直计划着给我举行告别会。据说一切都是有传统的，大家要坐在一起发言，一起吃东西，跳舞，我要穿着塞拉利昂的传统服饰在医院里游行。听着有点儿头痛，这帮人要把我搞成什么样子啊?!

等真的到了告别的那一天，我在所有同事的簇拥下，在歌声和舞蹈的陪伴中换上漂亮的小裙裙（大家集资给我做的），和大家一起跳舞，在医院里和所有的人合影、游行，我哭了又笑，笑了又哭。

在这里，在6个月的时间里，我度过了无数个不眠之夜，经历了一场又一场生离死别，那一幕幕难忘的、快乐的、悲伤的、痛苦的、挣扎的记忆扑面而来。仍然清楚地记得，当自己还是个“菜鸟”，在偌大的病房里不知所措时，那种孤独和无措；仍然清楚地记得，自己在血流成河的手术室

❶
❷

❶❷医院里的欢送会（摄影：Malin Fransson）

里奋战；仍然清楚地记得，我累得躺在恢复室的床上试图休息一下，而产房的助产士却带来令我绝望的消息：又有出血的病人到达！

在从29岁迈向30岁的这一年里，我以超速度成长，无论是作为医生，还是作为一个成年人。感谢所有塞拉利昂的同事，感谢你们的热情、坚定与支持，让我即使濒临绝望，仍然有勇气面对工作和生活；感谢所有无国界医生同事，是你们让我如此温暖。

2010年夏天时的心念一闪，鼠标一点，所带来的一切改变，我从未懊悔，并深感自豪。

也许冥冥之中自有天意。

也许这一切只不过是个轮回。

不过我知道，从那天开始，我终于获得了内心的安宁与平静，不管未来的路多么艰辛，我已拥有足够的勇气和信心，继续走下去，直到那个未知的终点。

再见，战友们！

我的继任已经到达，一个住在意大利的德国医生，术业专攻是生殖医学，第一次出任务，对一切都很好奇，口头禅是“印象深刻”（impressive）。我俩一起开了台宫外孕破裂，当看到满肚子的血顺着伤口喷向空中的“奇景”时（当然了，该情况绝不会发生在中国或者欧洲），他还是在喃喃重复“impressive”。

下了台，发现新病人，不明原因的高热，处于半昏迷状态，面部有些浮肿，根据种种症状，已经在拉沙热疫区待了6个月，经历了数次疫情暴发的我，果断给出诊断：拉沙热待排。

给项目统筹打电话，项目统筹给国家医疗统筹打电话，结论是，手术还是要做的，做完手术之后，待病人病情稳定，送到拉沙热治疗中心去明确诊断。好吧，这回我是有经验了。

全副武装把自己裹得跟外星人似的，防护得万无一失之后，开台手术。手术很顺利，也没出太多血。

做完手术，突然想起给项目统筹打电话：“我明天就不在项目上了，你们送病人去检查，要真的确诊是阳性，一定要通知我啊，我好在欧洲就地隔离。”项目统筹说：“没问题，一定通知你（后来知道果然是阳性）。”

我就嘻嘻哈哈地回家了。

回去时，所有无国界医生同事开了场告别Party，Party的间歇我跑回房间收拾行李。被同事一通嘲笑，她说你明显不会计划嘛，两个行李，重量应该差不多才行， 不然不在机场挨骂才怪。害得我在晚上11点的时候又重新打包。

心里沉甸甸的，因为不舍得离开，不舍得这些朝夕相处6个月的同事。但是，离家已经太久，想见到亲爱的“小祖宗”和胖胖脸的愿望是那么强烈，而且自己也很明白，我的体力和精神已经达到了极限，不适合在项目上继续了。

早上起来的时候， 发现所有的人都已经起床了，就连一向赖床的丹麦姑娘也在那里规规矩矩吃早餐。在院子里遇到马上要去上班的刚果流行病学家，拥抱一下，轻轻说声“再见”。坐上堆满行李的越野车，我出发了！路上收到很多告别短信，来自医院的同事，伴随我一路奔向弗里敦。

离别小插曲，遭遇『手检』

在非洲，几乎做什么事都带有些非洲特色，我们从弗里敦市区到机场的路上，就遇到了一件极其具有非洲特色的事儿。

要知道，弗里敦这个机场建的位置极为有趣，不是常规我们想象中的市区边缘，而是建在了面向大海，背依高山的一块平坦的土地上。而首都市区则与机场隔海相望。如果按照正常逻辑，建一条连接机场和市区的高速铁路或者公路，不就行了嘛。现实情况是，公路嘛，倒是有那么一条，不过要是走这条公路去机场，要用掉近4个小时的时间，还是在保证一路畅通的基础上。于是，有聪明人想出个更好的办法，用船运，只用短短半小时，就能顺利到达市区。

刚来的时候每个人听说这种新奇手段，都兴奋得不得了，又能欣赏海景，又能节约时间，多好啊。可惜这半小时不是四平八稳的轮船旅行，而

❶
❷

❶ 人力运输

❷ 我乘坐的机场运输船

是小艇上颠簸不平、令人眼晕的痛苦经历。几乎所有的人（估计特种兵出身，怎么折腾都不怕的人除外），有过这种经历之后，都会永远不想再有第二次了……

记得我的第一次，唉，幸亏没吃饭，呕吐不出来，下了船就变成软脚虾。缓了快两小时才基本上缓过劲儿来。

而印尼姑娘的第一次则更加戏剧化，她一看见那小汽艇，就很有先见之明地做好了准备，船一开就钻到卫生间里把最好地段给占上了。据说她抱着马桶大吐特吐，恨不得把前一天晚上吃的“存货”都倒出来了。完事出门一看，外面已经开始排上队了，大家都巴巴地等着里面的人出来。印尼姑娘心里很高兴，最起码占了个先机，不用闻别人的异味了。

这次呢，还好，因为“结束任务前综合征”的缘故，我已经好几个晚上没睡好觉了，结果在颠簸的船上也睡得跟死猪一样，让跟我一起回欧洲的比利时姑娘惊诧不已。我睡醒了告诉她，这算什么，我在火车上站着只要能靠着墙，一样能睡着，到站就能醒，跟安了个火车时刻表似的。

结果到了机场的海边，所有准备下船的人都傻掉了，你猜怎么着，因为能走人的廊桥坏掉了，所以对面岸上涉水过来几个壮汉，说：“有我们呢！”——人力运输！！！

怎么个人力运输法？你要是男的，就直接跨坐在壮汉的肩膀上，他把你从海边运上岸去；你要是女的，他就把你抱过去。我背着近20斤的背包，看着他们把一个又一个人安全运送上岸，心里是既忐忑又新鲜，这不是什么都要体验一把嘛，这回好了，体验人力运输来了。轮到我，那个身材不高、身体结实的小伙子咧嘴一笑，抓小鸡一样直接把我抱起来就走。呵呵，真的是轻而易举。

离着老远，给比利时姑娘照了个相留念。她还是很不好意思的，很腼腆地冲我一笑。我们跟壮汉们握手留念，外加说了些感谢的话。说真的，从来没有享受过这种服务的我们实在有点儿不好意思。不过，小伙子们倒是很高兴，露着洁白的牙齿笑个不停，估计也是看到我们的难堪样子了吧。

进了机场，倒霉事一件接着一件，先是我的破烂箱子找不到了，然后在最后一秒钟，负责检查机票的大叔把我单拎出来，因为我要去欧洲，然后转机去亚洲，但我没有去亚洲的确认机票，所以不让我进去。

我感觉一阵阵绝望，有点儿发蒙，难不成我要打道回府？

幸好关键时刻，办公室来电话了，在飞机即将起飞的两小时内，机票确认，发E-mail到我的邮箱里，打电话到布鲁塞尔航空公司，随后就有个工作人员跑过来跟我打招呼："你，就你，跟我来一趟……"

我屁颠屁颠地跟着他跑到办公室里把机票打出来，屁颠屁颠地跑到安检那里。

安检是手检，大家排着队，把自己的大小箱子逐一打开，送到检查官眼皮底下，检查官一看我的箱子大乐："姑娘，你还买了个非洲鼓回去啊！"拍了两下，把箱子送还给我。随身检查也是手检，负责检查的姑娘把我从头到胸再到小腿摸了个遍。我一边打着哆嗦一边想，幸亏幸亏是个女的查啊！

本计划在布鲁塞尔待两天，慢慢玩玩顺便恢复体力。谁承想，到办公室做完汇报，第二天昏睡全天，第三天就光荣病倒，生平头一次，打电话给我们行动中心的同事，被救护车紧张兮兮地送去医院，各种问病史，各种验血，各种检查。医生们还聚集在一起用法语讨论了一圈需不需要收我入院留观——因为他们害怕我得拉沙热——我毕竟从疫区来的，也许有不知道的接触史呢。

后来，发现其实仅仅是细菌感染，交代了抗生素处方之后就把我放走了。

话说欧洲的急诊不够人性化的一点是，医院只给第一剂药物，之后的抗生素疗程需要到药店去购买，如果有人陪伴还好，我是自己一个人，只好惨兮兮地从医院挪到药房，再挪回位于市郊的酒店。

总之，在肉疼地花了100欧之后，我就被打发回旅店，又躺了一天。

然后，我决定在欧洲溜达三周再回家。因为这次出项目时间长，工作负担也重，家里希望我能调整好状态（生理上和心理上都有）再回家。另外一个目的就是自我隔离一下，万一有什么热带病之类的也好就近去热带病诊所就诊。

由于临时决定，我都没能好好地把行程计划一下。开始有点儿焦虑，后来也就想开了，怕什么，路是自己走出来的，不就是不知道去哪儿吗，那就享受一下随机买票上下车，想去哪里就去哪里的乐趣。

打包行李出发。回家的机票已经订在了若干天以后，不能回家就慢慢玩儿吧。于是，拖着“大病未愈”的身体，我坐着火车，在一个又一个城市间徘徊：

第一次彻底迷失在陌生的街头；

第一次尝到加了蜂蜜的啤酒；

第一次在外旅行时彻底喝醉；

第一次彻彻底底的，真真切切的，homesick……

这让我知道，虽然自己能够随遇而安，但是只有家人在的地方，才是心底魂牵梦绕的，家的所在。

Finally，miss my little puppy.

Finally，miss my dear husband.

只想，和他们在一起。

只想，回家。

后记

现在，我虽然离开了非洲，离开了我曾经工作过的塞拉利昂，也不知道自己什么时候能够再回到那片我心心念念的土地，但我知道，我的一些同事仍然工作在那里。我希望，无论身在何方，我都能够尽一分努力去帮助那里的人。

这几年里，世界上发生了很多与公共卫生和人民健康有关的事件，2014年的埃博拉，2016年的寨卡，这些流行病似乎离我们很遥远，但是也有可能变得非常接近。看新闻的时候，我会不由自主地关注非洲的发展和建设，欧洲的难民危机，因为自己的朋友们和同事们，还有那些我并不认得的救援人员，仍旧奋战在第一线，希望他们一切安好。

以前一直以为，出任务就像间隔年，做一次，最多两次，我就会踏踏实实地回到北京，继续当医生，继续两点一线在家和单位之间奔波。如今，6年过去了，发现自己仍然走在这条拯救他人，让自己内心宁静的路上。其中甘苦，只有自己知道，而自己却是乐在其中。

回头看看自己在第一次任务中写下的日记，颇多感慨，也颇多乐趣。2011年从塞拉利昂回国之后，那些人和那些事，一直在我的脑海中挥之不去，其中有快乐的重逢，有悲伤的相聚，还有意料之外的命运的捉弄。有些事情，实在是我们无能为力的。

是的，世界很大，当你和陌生人擦肩而过时，绝不会想到，在未来与他们再相遇，或者即使相遇了，你们也不会辨认出彼此；世界也很小，你会发现，他们一直在那里，在你的心里，从未离去。

在此书出版过程中，我的家人和朋友王云飞、安泽轩、杨桐、郑北星给予了我极大的支持和帮助，你们是我一直前行的动力。

感谢北京大学医学部的诸位同学、校友，感谢你们在2011年至今这段漫长的日子里，当我在异国他乡奋战时，对我家人的照顾与支持。

感谢无国界医生香港办事处和北京办公室何丽庭、Martyn Broughton、魏保珠、迟莹莹给予此书在背景资料、图片选择上的全力支持。

图书在版编目（CIP）数据

拼命活成自己喜欢的模样 / 安娜著. -- 北京：中国妇女出版社，2017.9

ISBN 978-7-5127-1490-8

Ⅰ. ①拼…　Ⅱ. ①安…　Ⅲ. ①成功心理—通俗读物　Ⅳ. ①B848.4-49

中国版本图书馆CIP数据核字（2017）第190279号

拼命活成自己喜欢的模样

作　　者：安　娜　著
策划编辑：应　莹
责任编辑：应　莹
封面设计：尚世视觉
责任印制：王卫东
出版发行：中国妇女出版社
地　　址：北京市东城区史家胡同甲24号　　邮政编码：100010
电　　话：（010）65133160（发行部）　　65133161（邮购）
网　　址：www.womenbooks.cn
法律顾问：北京天达共和律师事务所
经　　销：各地新华书店
印　　刷：北京博图彩色印刷有限公司
开　　本：165×235　1/16
印　　张：14
字　　数：200千字
版　　次：2017年9月第1版
印　　次：2017年9月第1次
书　　号：ISBN 978-7-5127-1490-8
定　　价：39.80元